地球生存地圖

88張環境資訊圖表，
看懂世界資源消耗與氣候危機

102 grüne Karten zur Rettung der Welt

《科塔普》雜誌 (Katapult) ──著　黃慧珍──譯

目錄

本文裡有個謊言

在世界某個角落裡有棵樹被砍下來製成紙張，這些紙張接著又被裝訂成這本書。為了製作這本書，大約需要書籍本身重量三倍的木材，這樣換算下來，一棵九公尺高、直徑五十五公分的大樹約莫可以做成一千八百本和讀者眼前這本差不多分量的書。該怎麼做才不會讓樹木繼續為我們犧牲呢？那就只買好書、省點用衛生紙，還有從此和《畫報》（*Bild*）這類八卦紙媒分道揚鑣吧！因為那些樹木一旦為了製成紙張而被砍下來就永遠消失了。當然也可以栽植新樹，不過要記得別只種單一樹種。我們的好朋友蘇坎普出版社（Suhrkamp Verlag）以碳中和（klimaneutral，編注：是指企業、產品、個人等直接或間接產生的二氧化碳排放量，透過使用低碳能源取代化石燃料、植樹造林、節能減排等方式，以抵消自身產生的二氧化碳排放量，達到正負平衡，就代表達成碳中和，或是淨零排放二氧化碳）原則印製本書（令人欽佩），而且我可以保證，品味還真不錯。另外，為了補償因這本書被砍下的樹木，他們還在德國、奧地利和瑞士境內的阿爾卑斯山區種下許多銀杉（Weißtanne）和岩槭（Bergahorn）。

我們《科塔普》雜誌（*KATAPULT-Magazin*）雖然從 2016 年開始發行，但是直到 2019 年，才開始在印刷上導入碳中和概念。相較之下，真的慢了好多拍！這是因為我一直不敢直接面對這件事，而不斷把該做的事往後推延，理由很簡單：我以為這項改變的代價會很昂貴，也會很費力。結果我想錯了，實際上做起來很簡單，而且轉換的過程快速又順利。目前我們每期的印刷費約是 30,000 歐元，在採用碳中和的印刷方式後，只會多增加 300 歐元的支出。我們竟然為此這麼慢才做這件事，現在想來不免莞爾。這件事帶給我們什麼啟發？我們每個人都可以做得更好，但這還不夠。一些關鍵性的改變還有賴政策的推動，因此我們需要一些不一樣的政治人物——我們需要一些不把保護氣候這件事視為危害就業率或損及經濟實力的政治人物，我們需要一些不短視近利、有勇氣不把「氣候保護行動計畫」（Klimaschutzplan）拖延到 2050 年才願意付諸實行的政治人物。

本書不會告訴讀者該怎麼做、不提供讀者建議，也沒有任何環保運動的排名。以上都不是本社的初衷，我們做的僅止於陳述事實。這是為什麼呢？據傳，在舊名為柯尼斯堡（Königsberg），有俄羅斯德意志文化中心之稱的加里寧格勒市（Kaliningrad），曾經有位教師（譯注：指的是康德）對他的學生說過：「自己好好想一想，再採取行動！」其實，他精確的說法是：「不成熟就是，沒有他人指導就無法自行思考。」最後，他還疾呼：「拿出勇氣自己思考吧！」這段話在十八世紀一度蔚為風潮，並為當時的啟蒙運動挹注更多能量。

如果有讀者因為這本書得到任何愛惜與保護環境的靈感，都歡迎寫電子郵件和我分享：redaktion@katapult-magazin.de。

對了，本文裡有個謊言，事實上，沒有任何樹木因為製作本書而被砍下來，至少本書不會是直接造成消滅一棵樹的原因。因為製作本書的紙張，前身可能是舊報紙，或是剛被你丟掉的裝披薩的紙盒。沒錯，就是再生紙。這作法還不賴吧？

班雅明・弗瑞德里希（Benjamin Fredrich）
《科塔普》雜誌總編輯

繁體中文版編者說明

弗瑞德里希總編輯於〈前言〉所提，為德語原文書在製作過程中為環境所做的努力，繁體中文版雖無法全然效法，但仍盡量以對環境友善的方式製作。

另外，德語原文書名直譯為《102 張拯救世界的綠色地圖》（*102 grüne Karten zur Rettung der Welt*），書中部分圖表是較為適合德國讀者閱讀的資訊，因此商周出版在經過原出版社同意後，刪除原文書中部分圖表，由原作者另提供六張主題較為國際性的圖，且為繁體中文版替換了三張圖（讀者可以找找是哪三張）。所以繁體中文版書中的圖，最終為八十八個。特此說明。

運轉中的燃煤電廠

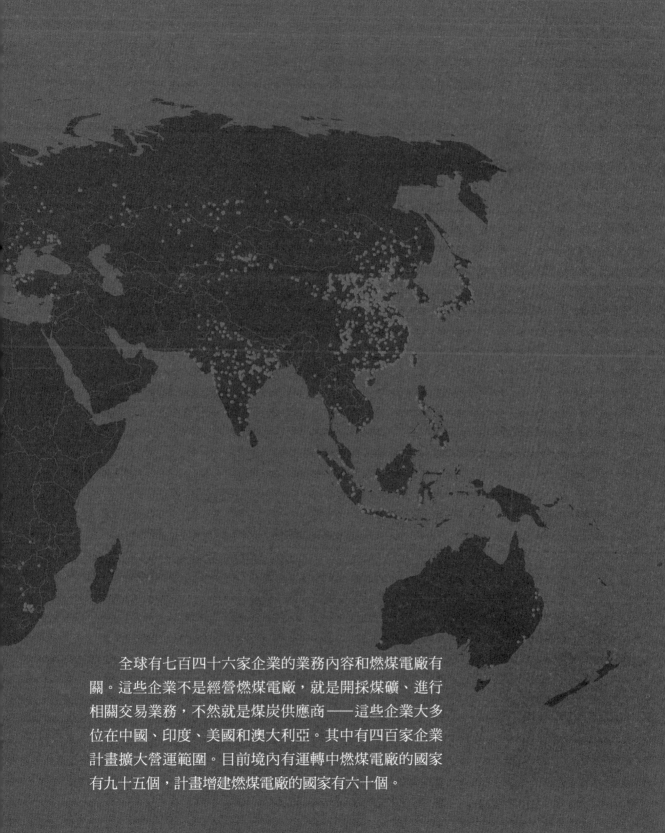

　　全球有七百四十六家企業的業務內容和燃煤電廠有
關。這些企業不是經營燃煤電廠，就是開採煤礦、進行
相關交易業務，不然就是煤炭供應商──這些企業大多
位在中國、印度、美國和澳大利亞。其中有四百家企業
計畫擴大營運範圍。目前境內有運轉中燃煤電廠的國家
有九十五個，計畫增建燃煤電廠的國家有六十個。

從人類眼中看到的大自然

從自然界的角度看到的大自然

2018 年鯊魚 vs. 人類

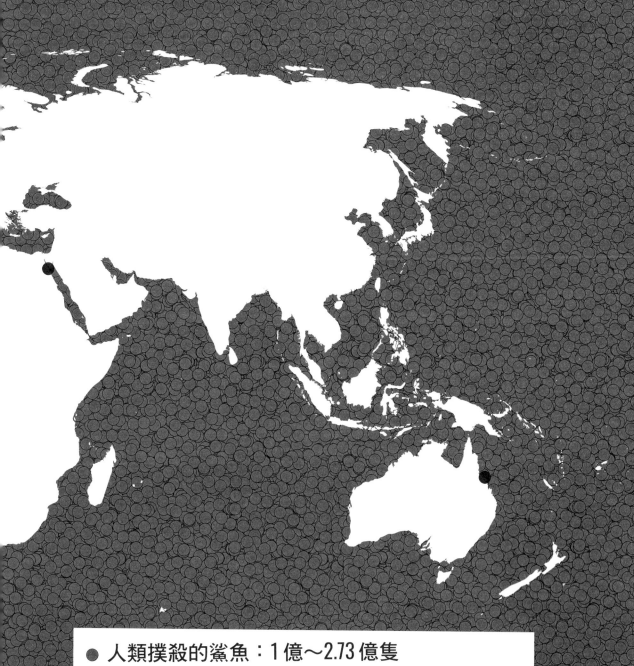

- 人類撲殺的鯊魚：1億～2.73億隻
- 因鯊魚致命的人類：4人

非洲象分布圖

　　大象有兩種，分別以耳朵大小做區分，大
耳朵的是非洲象，小耳朵的是亞洲象。過去，從
地中海沿岸到南端的好望角都可發現非洲象的蹤
跡，可以說非洲象的活動區域遍及整個非洲大
陸。考古的岩洞壁畫或是歷史記載都足以證明這
一點。如今非洲象活動範圍大幅縮小的兩個主要
原因：其一是自上次冰河期終結以來氣候的改
變，另一個原因則是人為因素——人類除了為取
象牙而獵捕大象外，還由於人口增長的需求，破
壞大象原有的棲息地。

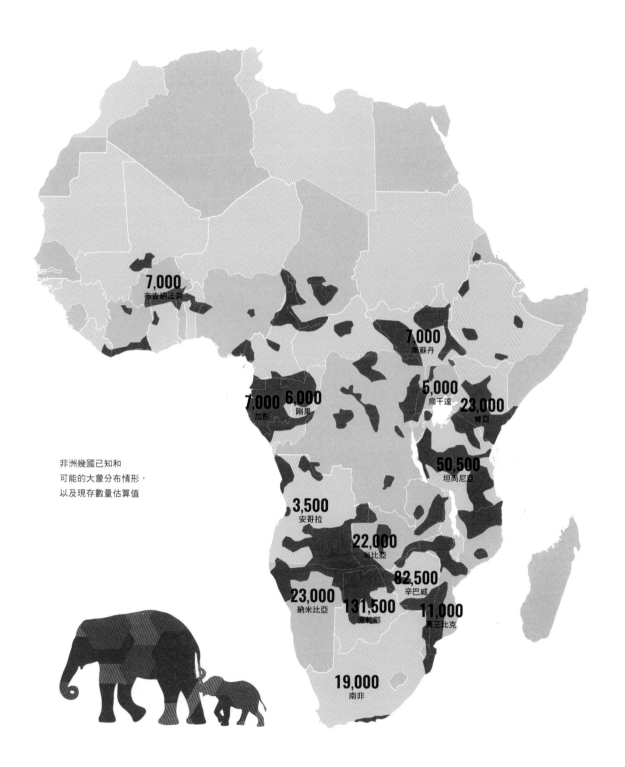

7,000
布吉納法索

7,000
南蘇丹

5,000
烏干達

23,000
肯亞

7,000
加彭

6,000
剛果

50,500
坦尚尼亞

非洲幾國已知和
可能的大象分布情形，
以及現存數量估算值

3,500
安哥拉

22,000
尚比亞

82,500
辛巴威

23,000
納米比亞

131,500
波札那

11,000
莫三比克

19,000
南非

要種植多少植物
才能中和全球的
二氧化碳排放量？

我們需要九百萬平方公里這麼大的面積來種植植
物！但光是這樣的造林面積起不了什麼作用。首先，
應該以分散的方式造林；其次，有研究指出，造林僅
能解決全球三分之二的二氧化碳排放超量問題，但這
已經需要相當於九億公頃的土地面積。圖中的正方形
雖然只是理論上的尺寸，但已經足以讓我們看到許多
問題。然而，僅僅只是植樹綠化遠遠不夠。降低二氧
化碳排放量不僅是現在，也應該是未來氣候發展政策
的終極目標。

3,000 x 3,000 公里

這麼多！

綠色區域是
地球上還有可能
造林的地方

　　綠色區塊以外的區域無法進行造林的原因，可能是因為該處原本已經是森林，也可能是因為該地的土壤過於乾燥，或是長期處於冰凍狀態而無法栽種植物。不過不當造林也可能有害環境，比如過去中國曾經大量種植單一樹種，結果導致土壤酸化，反而造成生態浩劫。

每三個
海洋垃圾中，
就有一件是
廢棄菸蒂

　　全球每年被任意丟棄到環境中的廢棄菸蒂約有
4.5 兆個。小小一個菸蒂就能汙染約四十公升的地下
水，而且目前漂流到海邊沿岸的垃圾裡，每三件中就
有一件是廢棄菸蒂。但是海中的魚兒不會知道那是不
能吃的菸蒂，吃下肚後攝取其中的有害物質和塑膠微
粒，最後再進到餐廳，成為人類的食物。

1850 至 2010 年間
瑞士境內
幾大冰河面積
縮小概況

自 1850 年以來，瑞士境內整體的冰河面積已經消融約一半之多。隨著冰河的消失，原本生活在那裡的動、植物也跟著不見了，主要原因是缺乏水源。此外，土壤也會開始鬆動。由於失去冰的支撐，發生山體崩塌的機率就明顯變高了。

大阿萊奇冰河	戈爾內冰河	費舍冰河	下阿勒冰河	上阿萊奇冰河
①	②	③	④	⑤
●●	●●	●●	●●◗	●●●

消失的面積以百分比計算，每個圓點代表十個百分點（圖中顯示為1850至2016年間的數值）

2010 年的冰河面積

1850 年以來消失
的冰河面積

隆河冰河
⑥

寇巴西耶冰河
⑦

茨慕特冰河
⑧

模特拉奇冰河
⑨

特例夫特冰河
⑩

芬德倫冰河
⑪

讓地球暖化的事物

太多就會讓
我們無福消受的事物

世界上所有人
比肩而立需要
62 公里 × 62 公里
大的土地面積

地球人滿為患，這意味著地球上的資源難以應付全世界七十六億人的需求。假設每兩個人可分得一平方公尺，那麼要容納所有地球上的人口就需要約三千八百四十四平方公里的面積，而光是美國德州的面積就比這個面積大了一百七十六倍！

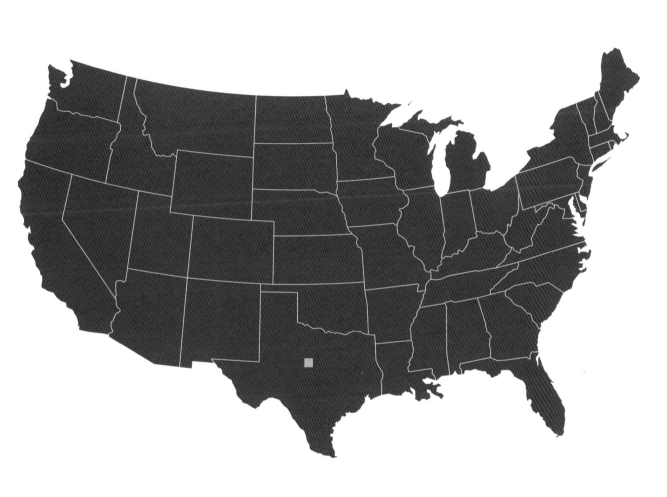

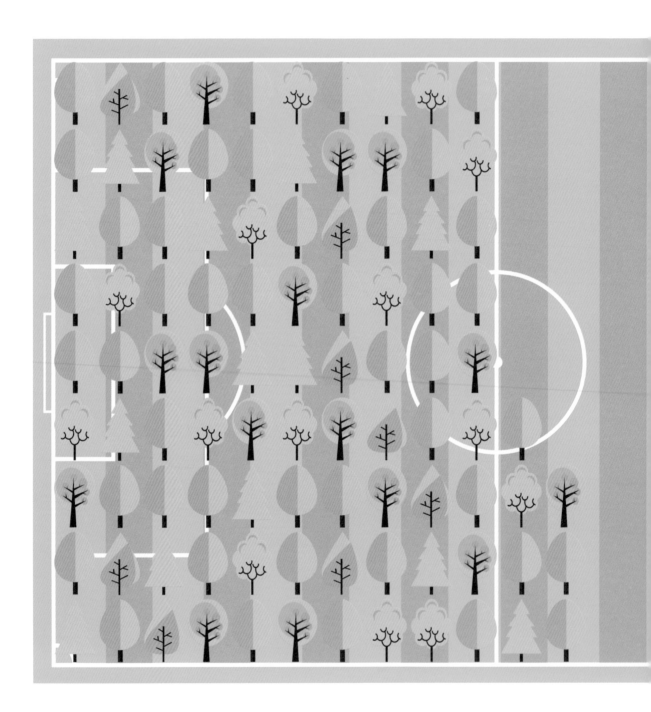

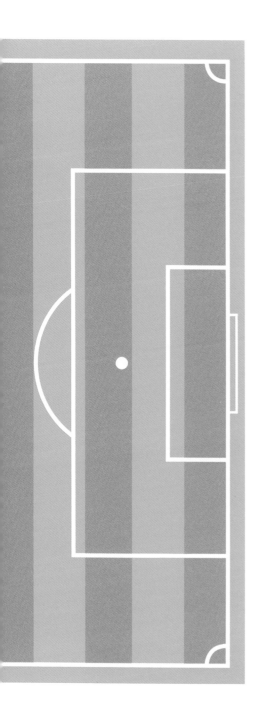

自人類於一萬二千年前開始定居生活後，全世界樹木的數量減少了 **46**％。

這樣的比例放在足球場上看起來大概是這樣。

當地球上這些區域發生災難，
我們會做出怎樣的反應？

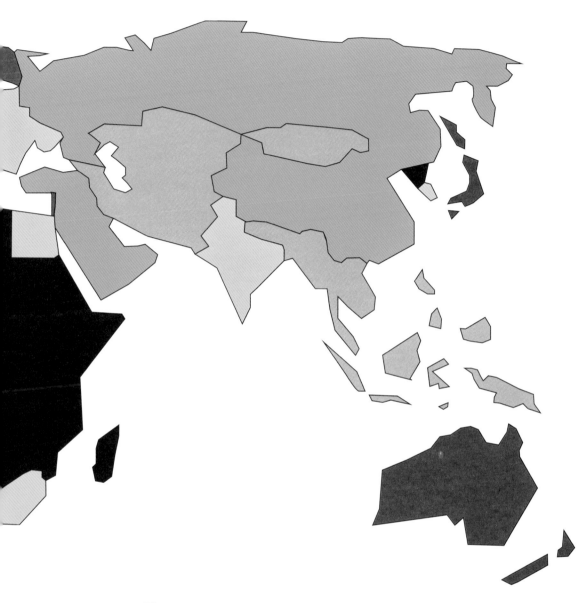

天啊！太可怕了吧！

真嚴重！

哎呀！我們又幫不上忙。

咦？你說那個國家叫什麼？

誰會關心啊⋯⋯

⋯⋯什麼！格陵蘭？那地方有人住嗎？

23,500 公里

3,700 公里

畜養一匹馬每年對環境造成的負擔，相當於進行一趟長達二萬三千五百公里的公路旅行

畜養的牲畜體積越大、重量越重，環境承受的負荷也越大。動物需要進食、需要有地方居住、偶爾要從 A 地運到 B 地去，或諸如此類的活動。這裡計算的可不是碳足跡（CO_2-Bilanzen），而是在計入二氧化碳排放量之外，也將資源耗損計算進去的所謂環境污染指數（Umweltbelastungspunkte）。這裡強調的重點是：養一隻貓消耗的資源相當於養兩隻兔子、十隻觀賞鳥，或是大約一百二十五條觀賞魚。另外要注意的是，這裡舉出的數值並非平均值，而是隨機抽樣計算。對了，順此一提，一輛德國一般家用汽車每年行駛的里程數約是一萬三千七百公里。

1,500 公里

海平面上升
八千八百公尺後的地球

　　科學家喜歡計算，如果哪一天海平面上升一或兩公
尺這個世界會怎樣。他們的結論是：到那個時候荷蘭就
會不見啦！好吧！雖然可能沒有那麼多水，但如果海平
面上升八千八百公尺又會如何呢？啊！地球上大概只有
義大利登山探險家賴霍德・梅斯納（Reinhold Messner）
得以倖存吧！

聖母峰之島

每個屁股每年的 衛生紙用量
（單位：公斤）

　　幾乎人人都需要衛生紙，只是有些人需要多一些，有些人可以用得少一點。不過，衛生紙的成分可能比用量還要重要：據估算，相較於使用原生紙漿，以再生紙漿製成的衛生紙每公斤可以節省 50％能源和 33％的水資源。

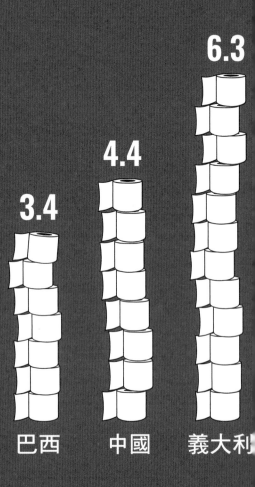

6.3

4.4

3.4

巴西　　中國　　義大利

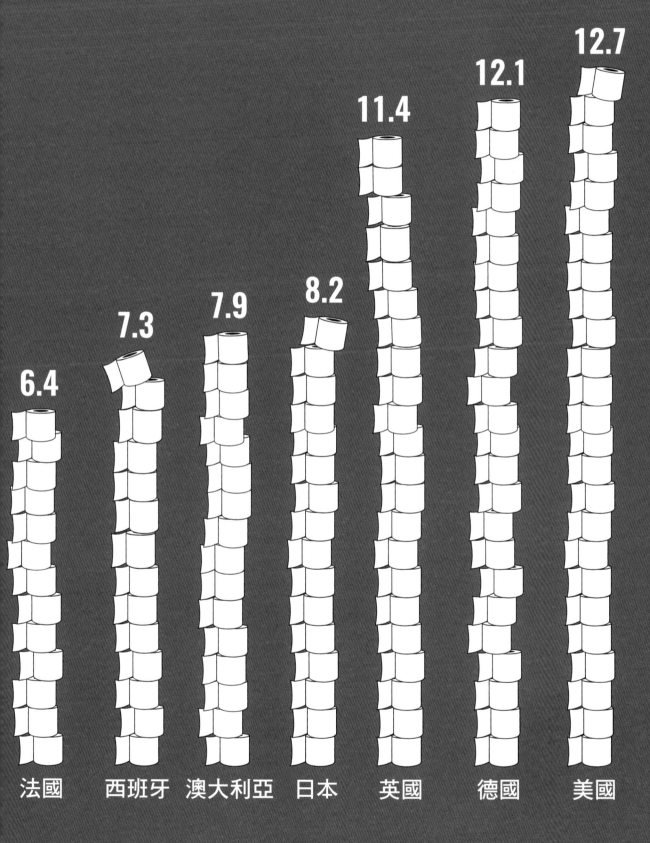

6.4 法國
7.3 西班牙
7.9 澳大利亞
8.2 日本
11.4 英國
12.1 德國
12.7 美國

 追求國內生產毛額
（GDP）的國家

 重視人民福祉的
國家

　　管他什麼 GDP ！這樣做的國家有冰島、
紐西蘭和蘇格蘭。2018 年起，這三個國家
的政府自稱為「福祉經濟政府」（Wellbeing
Economy Governments），並將人民福祉置

於經濟成長之上。這是全新的概念嗎？算是吧！其實放眼全球類似作法所在多有，例如玻利維亞規劃公平分配境內天然資源，並將這個國家施政目標寫進憲法中；或是依據法國政府的報告，該國近年致力於爭取社會正義所做的努力；而不丹這個國家更是早在 1997 年起就重視「國民幸福總值」（Bruttonationalglück）的發展。

郵輪旅客數量攀升

　　在各種旅遊方式中，搭乘郵輪旅遊汙染環境的程度頗為嚴重，不過大部分的郵輪旅客不會在乎這一點。2018 年，平均每位郵輪旅客在郵輪上的度假時間約為九天。波羅的海是僅次於北歐和地中海西部，排名第六的最受歡迎旅遊勝地。有些度假的人甚至搭飛機往返郵輪所在地，這簡直是二氧化碳排放量最大化的作法！

3.8

4.7

7.2

全球郵輪
旅客數量
（以百萬計）

1995　　　　　　　　　　2000

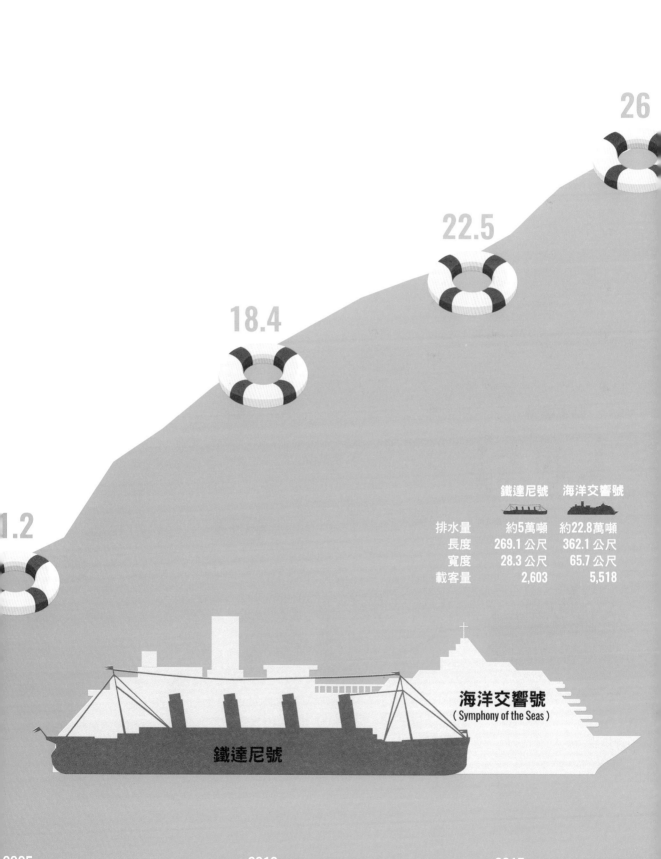

26

22.5

18.4

1.2

	鐵達尼號	海洋交響號
排水量	約5萬噸	約22.8萬噸
長度	269.1 公尺	362.1 公尺
寬度	28.3 公尺	65.7 公尺
載客量	2,603	5,518

海洋交響號
（Symphony of the Seas）

鐵達尼號

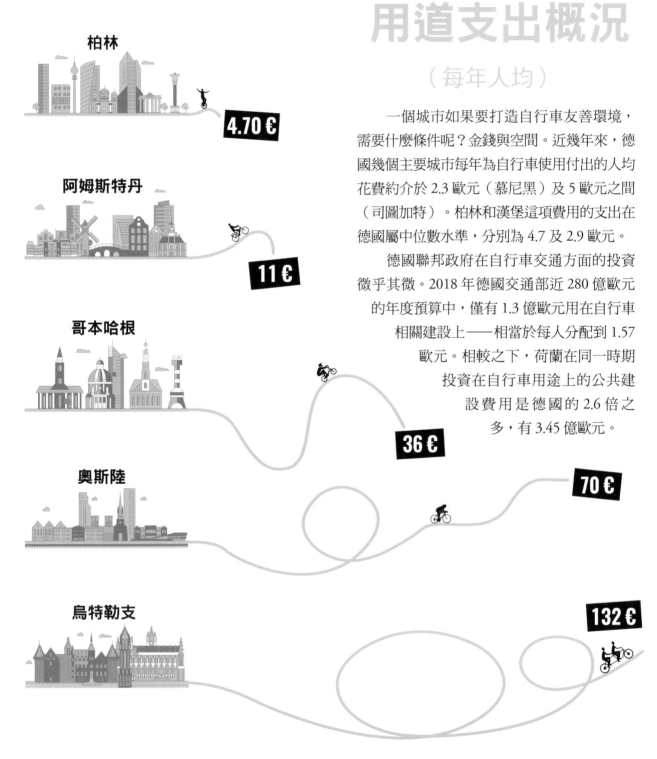

歐洲自行車專用道支出概況

（每年人均）

　　一個城市如果要打造自行車友善環境，需要什麼條件呢？金錢與空間。近幾年來，德國幾個主要城市每年為自行車使用付出的人均花費約介於 2.3 歐元（慕尼黑）及 5 歐元之間（司圖加特）。柏林和漢堡這項費用的支出在德國屬中位數水準，分別為 4.7 及 2.9 歐元。

　　德國聯邦政府在自行車交通方面的投資微乎其微。2018 年德國交通部近 280 億歐元的年度預算中，僅有 1.3 億歐元用在自行車相關建設上──相當於每人分配到 1.57 歐元。相較之下，荷蘭在同一時期投資在自行車用途上的公共建設費用是德國的 2.6 倍之多，有 3.45 億歐元。

柏林
4.70 €

阿姆斯特丹
11 €

哥本哈根
36 €

70 €

奧斯陸

烏特勒支
132 €

超過 85 %
超過 70 %
超過 55 %
超過 40 %
超過 25 %
超過 10 %
超過 1 %
小於 1 %

世界各國森林
佔全國總面積
的比例

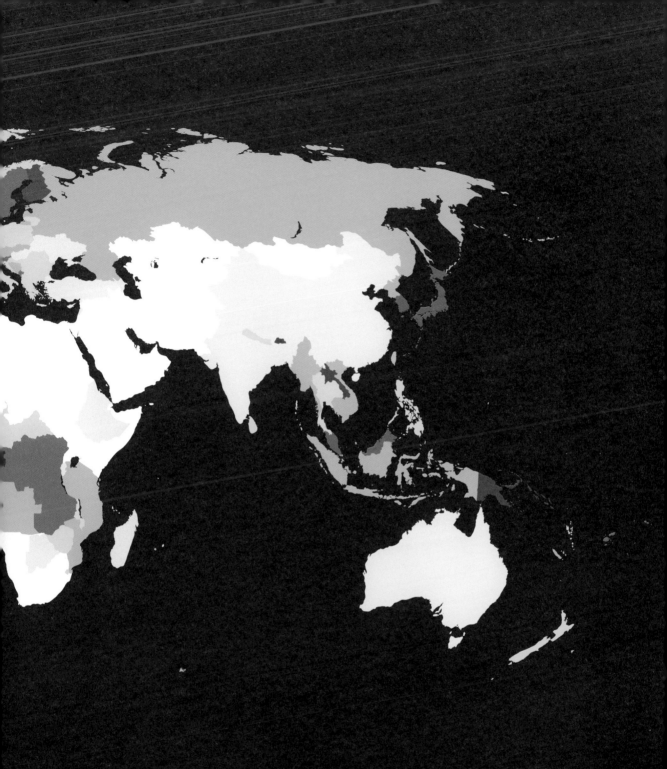

目前全球平均每人可分得四百棵樹，
然而由於人口增加與森林消失，導致這個數
目不斷下降。不過各國間也存在顯著差異：
1990 至 2015 年間，富裕國家的森林面積平均
每年增加 1.3%，而貧窮國家卻減少 0.7%。

綠色長城

　　非洲的綠色長城計畫是現今世界上最大的氣候保護活動。該活動於 2005 年由非洲聯盟（Afrikanische Union）決議通過，旨在降低氣候變遷帶來的衝擊和減緩撒哈拉沙漠南端沙黑爾地區（Sahel）的沙漠化現象。具體作法是從非洲西岸到東岸種植一條寬十五公里的樹木長廊。如今這條綠色長城的構想已經成為某種拼貼作品，因為一條直通到底的綠色長廊無論就生態或社會意義而言都不具足夠的實質效益：某些區域因乾旱無法種植任何樹木，另一些地區則可能侵擾到當地現有的農耕作業。因此現在這個綠色長城計畫改以分散式的局部開發方案持續進行。目前參與這項計畫的國家超過二十國，已種植超過一千二百萬棵樹。

2017 年懸浮微粒汙染情形

　　蒙特內哥羅（Montenegro）有個笑話：普列夫利亞（Pljevlja）是該國汙染最嚴重的城市之一，有個住在當地的人要到洛夫琴山國家公園（Nationalpark Lovćen）旅行，而這個人一上到客運巴士上就暈倒了，這時只見巴士司機緩緩說道：「快！把他抬到排氣管下面，等一下他就會醒來啦！」

　　這個笑話雖然適用於巴爾幹半島上的幾個國家，尤其是波士尼亞與赫塞哥維納（Bosnien und Herzegowina）。這個國家平均受到懸浮微粒汙染的情形最為嚴重，並且據世界衛生組織（WHO）2017 年的一份報告顯示，該國是歐洲空氣汙染致死率最高的國家。

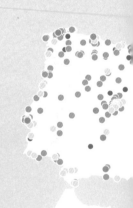

懸浮微粒（PM10）汙染概況

極高	很高	高	中	低
（＞75微克／立方公尺）	（50.1-75微克／立方公尺）	（40.1-50微克／立方公尺）	（20.1-40微克／立方公尺）	（0-20微克／立方公尺）

歐盟最大容許值
（40微克／立方公尺）

以上數值並非平均值，而是第90.41百分位的數值。亦即，這些數值說明了每年低於90.4%，以及高於近10%的量測值。

德國最初是因為需要浣熊的毛皮而將牠們引進國內。自1930年代起，浣熊就開始在德國當地的野外生活

原始分布範圍

入侵分布範圍

適合浣熊的棲地

2050年前
適合浣熊的新棲地
（預期氣候變遷
不樂觀的情況下）

浣熊的分布範圍與
氣候變遷的關係

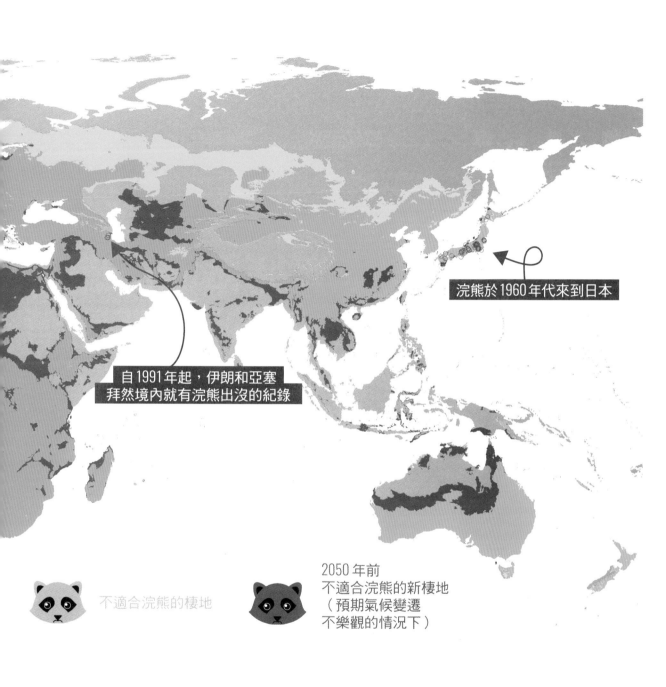

浣熊於 1960 年代來到日本

自 1991 年起，伊朗和亞塞
拜然境內就有浣熊出沒的紀錄

不適合浣熊的棲地

2050 年前
不適合浣熊的新棲地
（預期氣候變遷
不樂觀的情況下）

　　1920 年代，源於北美的浣熊因應毛皮需求被引進到德國的農場。後來卻有了意外的發展：這些浣熊從 1934 年開始在德國野外生活起來。因為牠們什麼都吃，而且環境適應力強，於是問題就來了：當浣熊像在日本、亞塞拜然和伊朗一樣強勢繁殖擴散時，就會威脅到當地動物的棲息地、農業與生態系統。

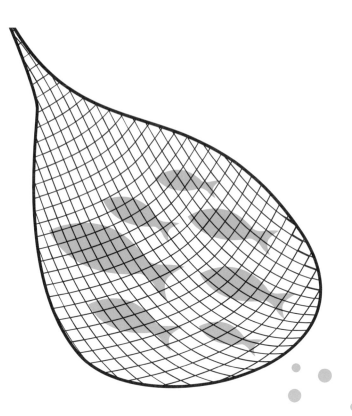

176
公噸

19
公噸

魚兒消失，

垃圾進來

（全球每分鐘變化圖）

　　全球每年有多達一千萬公噸人類製造出來的垃圾最終流入海洋，這個數量相當於每分鐘約有十九公噸新生成的海洋廢棄物，這些廢棄物的來源包括商用漁業捕撈活動。因商用漁業捕撈活動餘留的魚網、浮標、釣線、陷阱和魚籠等物約佔海洋塑膠垃圾的 10％。2017 年，全球捕撈了近九千二百五十萬公噸海產，相當於每分鐘就有一百七十六公噸漁獲被撈出海洋，這數字還不包含水產養殖和內陸漁業的漁獲量呢！

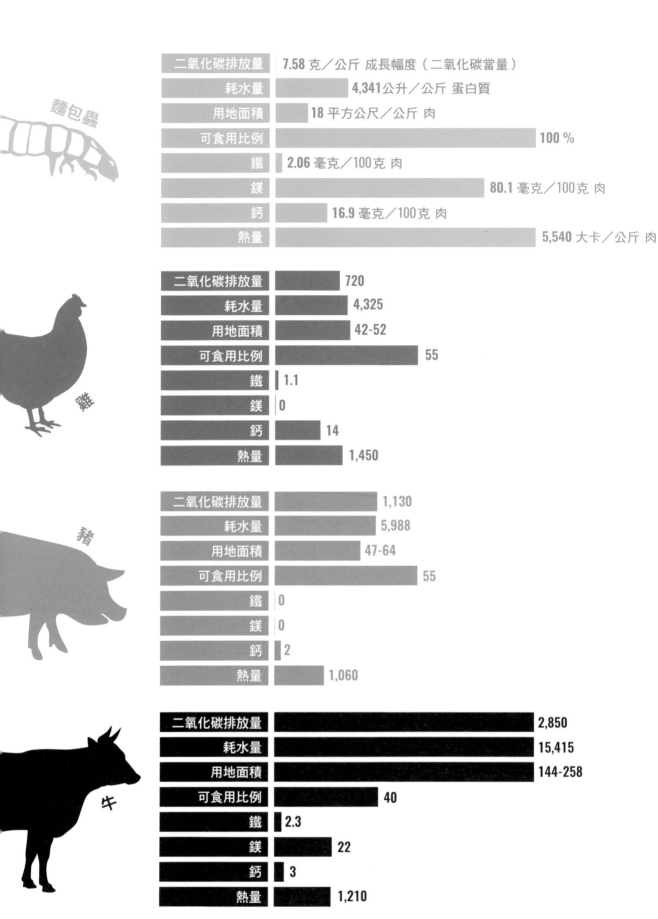

麵包蟲

二氧化碳排放量	**7.58** 克／公斤 成長幅度（二氧化碳當量）
耗水量	**4,341**公升／公斤 蛋白質
用地面積	**18** 平方公尺／公斤 肉
可食用比例	**100** %
鐵	**2.06** 毫克／100克 肉
鎂	**80.1** 毫克／100克 肉
鈣	**16.9** 毫克／100克 肉
熱量	**5,540** 大卡／公斤 肉

雞

二氧化碳排放量	**720**
耗水量	**4,325**
用地面積	**42-52**
可食用比例	**55**
鐵	**1.1**
鎂	**0**
鈣	**14**
熱量	**1,450**

豬

二氧化碳排放量	**1,130**
耗水量	**5,988**
用地面積	**47-64**
可食用比例	**55**
鐵	**0**
鎂	**0**
鈣	**2**
熱量	**1,060**

牛

二氧化碳排放量	**2,850**
耗水量	**15,415**
用地面積	**144-258**
可食用比例	**40**
鐵	**2.3**
鎂	**22**
鈣	**3**
熱量	**1,210**

各種家畜飼育過程中
消耗的資源及
糧食產出成果

　　三個人走進餐廳，分別點了肉類料理、素食料理和麵包蟲漢堡。估算這一餐下來三人進食的熱量約在九百一十五到九百四十大卡之間。在三人都能吃飽的情況下，差別在於：享用麵包蟲漢堡的人產生的二氧化碳排放量最少，只有一百六十克。相較之下，素食者製造了四百七十克二氧化碳，食用肉類料理的人則是二千二百克。以亞洲為主，地球上有許多地方的人食用昆蟲。目前全球有二千一百種昆蟲可供食用。

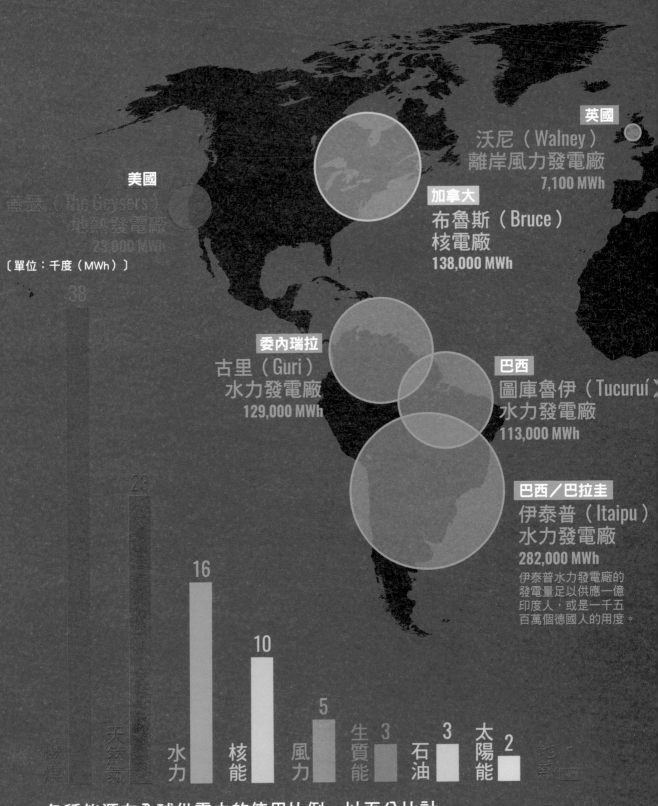

〔單位：千度（MWh）〕

英國
沃尼（Walney）
離岸風力發電廠
7,100 MWh

美國
蓋瑟（The Geysers）
地熱發電廠
23,000 MWh

加拿大
布魯斯（Bruce）
核電廠
138,000 MWh

委內瑞拉
古里（Guri）
水力發電廠
129,000 MWh

巴西
圖庫魯伊（Tucuruí）
水力發電廠
113,000 MWh

巴西／巴拉圭
伊泰普（Itaipu）
水力發電廠
282,000 MWh

伊泰普水力發電廠的
發電量足以供應一億
印度人，或是一千五
百萬個德國人的用度。

38 煤炭

23 天然氣

16 水力

10 核能

5 風力

3 生質能

3 石油

3 太陽能

2 地熱

各種能源在全球供電中的使用比例，以百分比計

俄羅斯
希爾估茲卡雅（Surgutskaya）
天然氣發電廠
85,000 MWh

騰格里沙漠太陽能園區
太陽能發電廠
7,200 MWh

中國

中國
三峽大壩
水力發電廠
270,000 MWh

台灣
台中
燃煤電廠
85,000 MWh

中國
溪洛渡
水力發電廠
143,000 MWh

全球五大水力發電廠與其他各類
發電量最大的發電廠產能比較圖
（日發電量）

10 公斤

簡單小方法，讓你馬上放下手中的菸！

　　用茄子代替香菸，可能嗎？科學家發現，包含番茄和馬鈴薯在內的茄科植物含有尼古丁成分。換算下來，十公斤茄子中的尼古丁含量約有一毫克，相當於吸一根菸平均攝入的尼古丁量。不同的是：茄子裡面的尼古丁不會進到肺部和血液循環系統中，而是進入具有解毒功能的肝臟。

有害臭氧物質
的使用

　　1980 年代，當時的歐洲共同體和另外二十四個國家有個很好的構想——或者說造成了一次頗大的恐慌：有鑑於常應用於噴霧罐、滅火器和冰箱等產品上的氟氯碳化合物（德文縮寫為 FCKW，英文縮寫為 CFCs）會對臭氧層造成危害，於是這些國家共同規劃，限制這類有害臭氧層化學成分的使用。乍看之下，似乎是不錯的想法。多數國家也藉此擺脫代罪羔羊的地位。

　　而且就某種程度上而言，平流層上方和兩極上空的臭氧層也有好轉的跡象，不過在北緯和南緯六十度之間的臭氧濃度仍然不斷下降。至於導致臭氧濃度下降的原因，以及臭氧濃度下降會對氣候變遷帶來多大的影響，目前尚未可知。

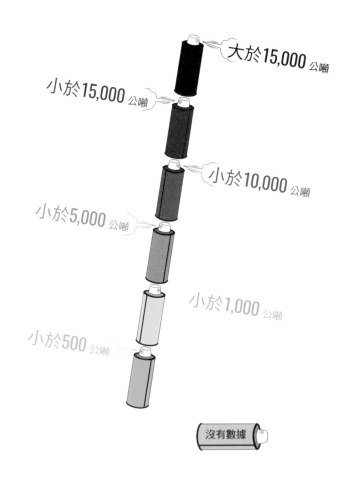

大於15,000 公噸

小於15,000 公噸

小於10,000 公噸

小於5,000 公噸

小於1,000 公噸

小於500 公噸

沒有數據

臭氧耗竭潛勢（ozone depletion potential, ODP）說明：臭氧耗竭潛勢是用以表示某種物質對臭氧造成傷害程度的數值，因此臭氧耗竭潛勢可以用來比較各種不同物質間對臭氧造成的耗損程度。

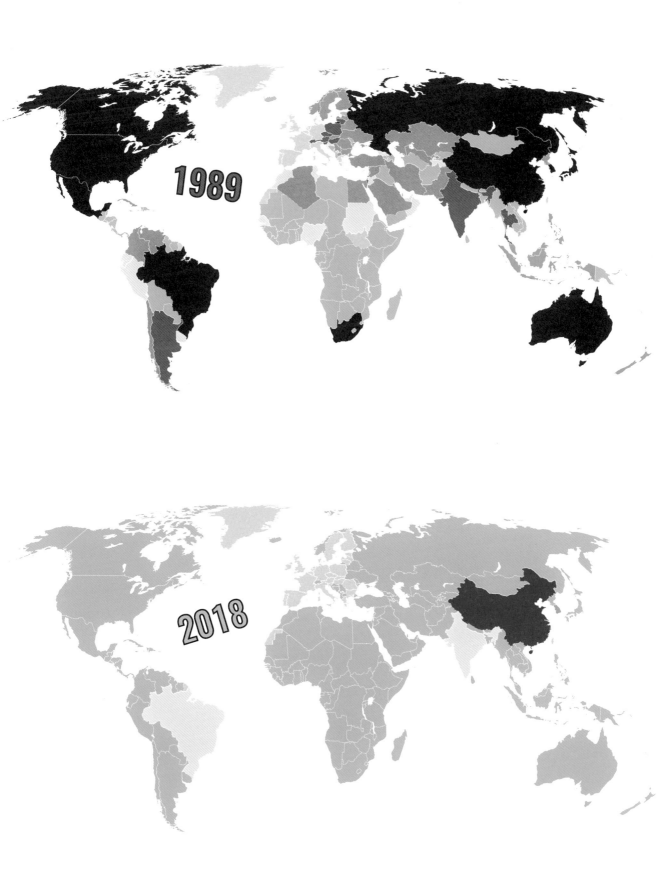

1989

2018

其中含有：

2.9 公噸黃金
價值：1 億 2,600 萬歐元

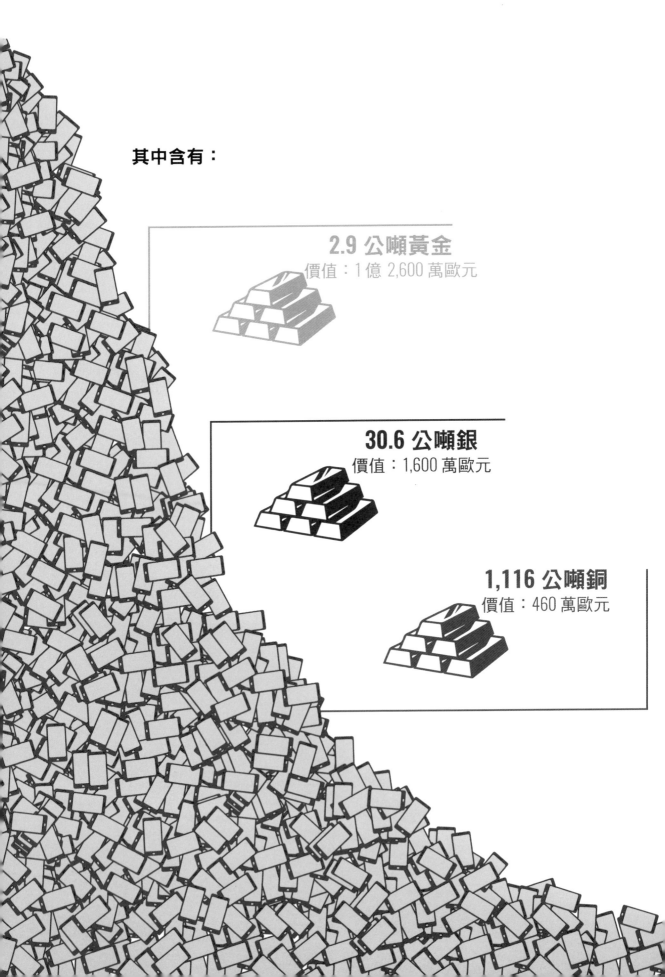

30.6 公噸銀
價值：1,600 萬歐元

1,116 公噸銅
價值：460 萬歐元

德國境內有
一億二千四百萬部
功能正常的舊手機閒置在家中
（資料來源：2018 年）

　　處理舊手機的三種可能作法：一、擺進家中的抽屜裡；二、送到資源回收場。因為舊手機裡仍有可供再利用的資源，而且其中的電池含有毒物質；三、寄給托佛・懷特（Topher White）。這位加州工程師會將收到的舊手機改造成以太陽能驅動的監聽設備，用以拯救雨林。2013 年，在印尼蘇門答臘測試這些改造後的監聽設備時，第二天就循線逮捕到兩個非法伐木的山老鼠。懷特改造的這些監聽設備可以偵測到電鋸作動的聲音。

需要多大的面積，
才能產出足以供應全球用度的
太陽能電量呢？

這麼大

300 x 300 公里

又需要多大的面積，
才能產出足以供應全球用度的
風電量呢？

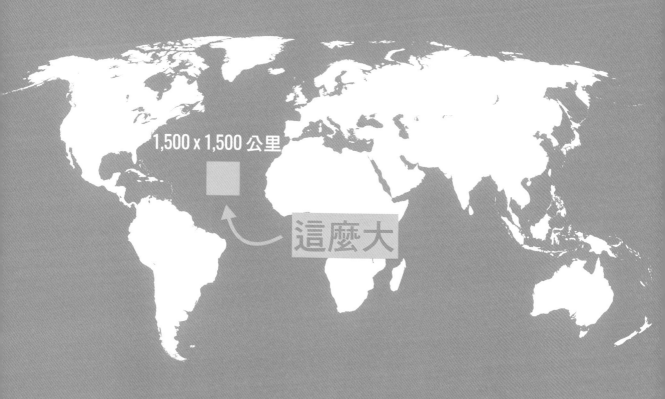

1,500 x 1,500 公里

這麼大

人均二氧化碳排放量
高於 台灣 的國家
（資料來源：2018 年）

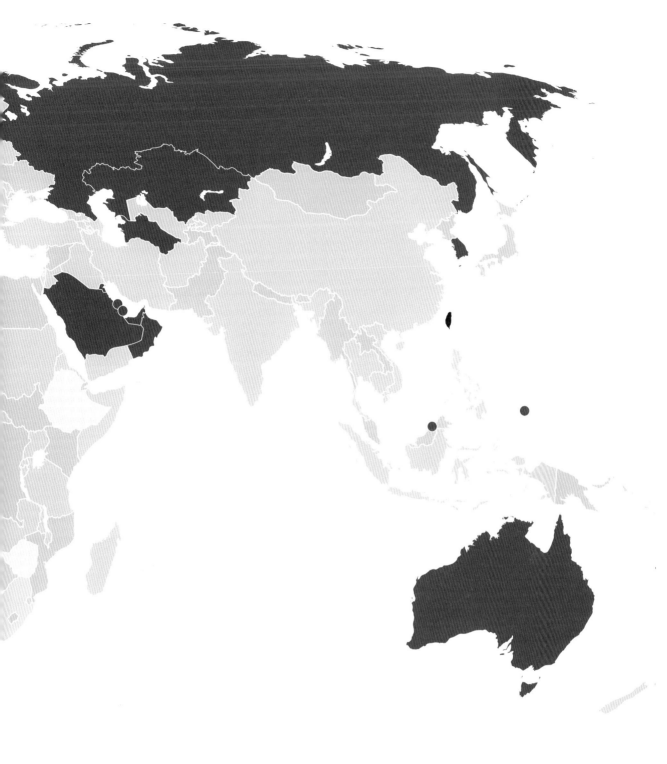

　　台灣是目前全球人均二氧化碳排放量最高的國家之一，所幸在 2000 年
之後，二氧化碳的排放量並未有顯著增加。此外，台灣預計於 2025 年前停
止所有核電廠的運轉，並制定《溫室氣體減量及管理法》（簡稱《溫管法》），
明定減量目標為 2050 年台灣的溫室氣體排放總量，應降到以 2005 年溫室
氣體排放量為基準的一半以下。為達成目標，台灣政府近年來積極發展太陽
能與離岸風電場。

水災

風災

地震

旱災

火災

山崩

火山爆發

極端溫度

2018 年
全球各地發生
的極端
天然災害事件
及受害人數

　　不利於萬那杜共和國（Vanuatu）的消息：在 2018 年接受天然災害風險評估的一百七十二個國家中，這個南太平洋島國屬於高風險國家。同年度入列的前十五個高風險國家中，就有九個是島嶼國家。這些島國面臨的共同威脅是：水災、颱風和海平面上升。

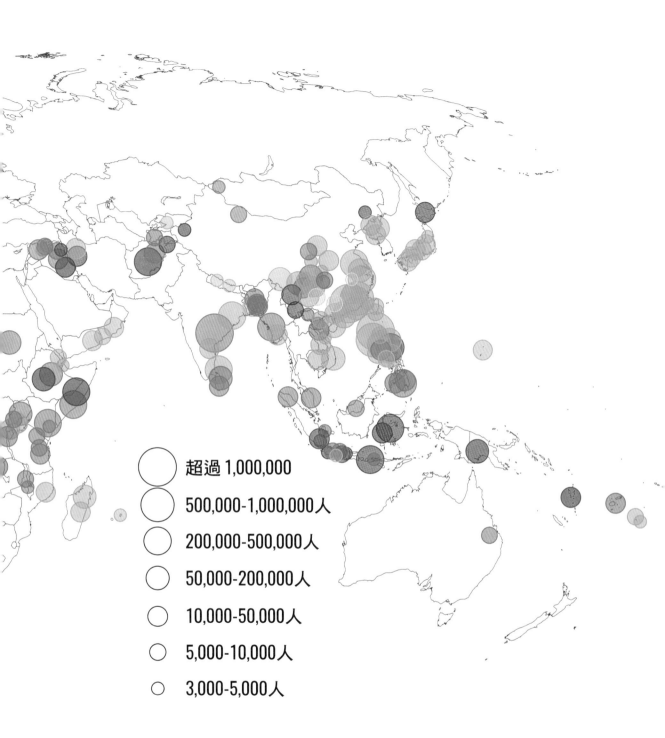

超過 1,000,000

500,000-1,000,000人

200,000-500,000人

50,000-200,000人

10,000-50,000人

5,000-10,000人

3,000-5,000人

地球上每年消失的熱帶森林面積有多少？

  2018 年，全球有高達一千二百萬公頃的熱帶雨林遭到破壞，如此廣大的面積相當於英國大不列顛島東南角英格蘭的幅員（編注：英格蘭面積約十三萬平方公里，相當於台灣面積的 3.6 倍）。其中雨林破壞最為嚴重的國家分別是巴西、玻利維亞、哥倫比亞和祕魯。而砍伐亞馬遜雨林的主要原因竟是為了畜養牛隻、提取棕櫚油，以及種植飼料用大豆。

像英格蘭
一樣大的面積

生態足跡
單位：全球公頃
（Globaler Hektar）

超過 6.7

超過 5.1

超過 3.4

超過 1.7

低於 1.7

無相關數據

依各國人民的生活方式，
平均每人需要有多少面積才足夠？

自 1980 年代起，人類對天然資源的需求
已經超出地球的安全供給量能。在德國，有超
過三分之一的天然資源用於生產糧食，而且這
其中高達 80％用於動物性食材，其次分別是
居住、交通與消費。此外，每個人都會產生
各自的生態足跡，而所謂生態足跡就是每個人
的生活方式經換算後所需要的面積，單位為全
球公頃。一全球公頃相當於地表面積一公頃的
平均生物生產力（biologische Produktivität），

舉例而言，一公頃雨林的生產力大於一公頃沙
漠。當然，地球的面積是有限的，因此換算下
來，平均每個人僅有約 1.7 全球公頃可用。倘
若有些國家超過這個數值，代表該國人民消耗
的天然資源比地球能供給的還要多。2019 年，
全世界人口對全球公頃的需求幾乎已達上述
平均數值的兩倍之多。

歐洲森林面積
增加概況

　　早期羅馬人已經無情地砍伐了大量森林。即使到了中世紀，人們對待森林的態度也並未手下留情。因此到了二十世紀初，歐洲大陸上許多國家境內的森林已經所剩無幾，幸好這種情況如今稍有變化，而森林面積也再次擴增。許多國家在第二次世界大戰之後開始復育森林，比如英國和荷蘭這兩個國家的森林面積，都自 1900 年的 2%提升到 11%以上。

 1900 年的林地面積

 截至 2010 年的林地增加情形

右圖呈現範圍：歐盟二十七國與瑞士

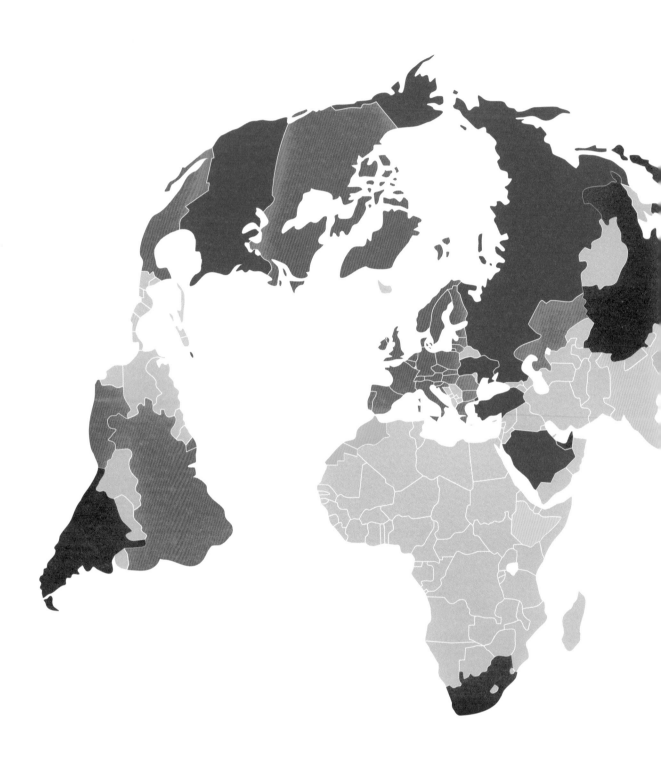

《巴黎氣候協定》在各國的落實情形

先來回想一下，2015 年時，來自一百九十五個國家的政治人物齊聚一堂，決定協力減緩世界崩壞的速度。當時的規劃是：減少廢氣排放以防止地球持續暖化、公開透明地討論所面臨的問題，以及協助發展中國家因應氣候變遷帶來的問題。此外，各國將平均氣溫升幅限制在 1.5℃ 以內。這乍聽之下似乎可行，但並非每個國家的落實情況都和當初協議的內容一樣。

■ 落實情況比氣候協定好

■ 氣溫升幅已達 1.5℃（《巴黎氣候協定》）

■ 氣溫升幅已達 2℃

■ 執行情況不佳

■ 進度非常落後

■ 進度嚴重落後

■ 無相關資料

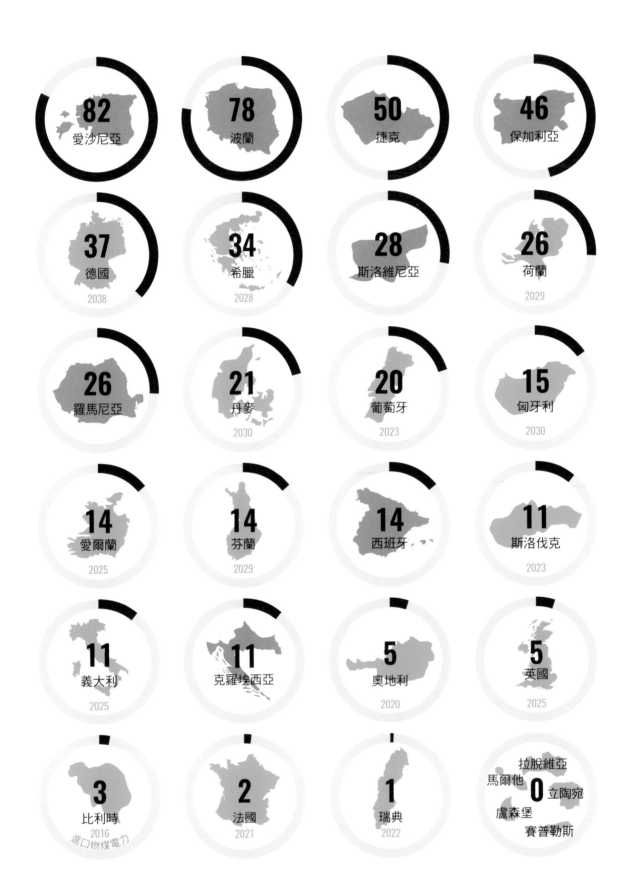

82 愛沙尼亞

78 波蘭

50 捷克

46 保加利亞

37 德國
2038

34 希臘
2028

28 斯洛維尼亞

26 荷蘭
2029

26 羅馬尼亞

21 丹麥
2030

20 葡萄牙
2023

15 匈牙利
2030

14 愛爾蘭
2025

14 芬蘭
2029

14 西班牙

11 斯洛伐克
2023

11 義大利
2025

11 克羅埃西亞

5 奧地利
2020

5 英國
2025

3 比利時
2016
進口燃煤電力

2 法國
2021

1 瑞典
2022

0 拉脫維亞
馬爾他 立陶宛
盧森堡
賽普勒斯

2018 年歐洲的發電量中 **煤電** 佔有多少比例？

德國常被冠以先進的稱號，電力供應方面也是如此。不過，這是錯誤印象。事實上，在歐洲只有四個國家使用較高比例的煤電。而使用褐煤與硬煤的燃煤電廠至今仍是德國境內溫室效應的關鍵因素。當德國仍持續發給燃煤電廠使用執照的同時，一些國家像是丹麥，已經不再核發新的使用執照給燃煤電廠。

德國的煤碳委員會（Kohlekommission）原本建議，除德國政府特許外，應盡數停止核發新的使用執照。然而德國新的「達特爾四號」（Datteln 4）燃煤電廠已於 2020 年夏季開始投入發電，這是因為業主威脅，如果禁止營運將要求賠償。為什麼呢？「我們必須保障股東權益，並維護彼此間的互信關係」，一位萊茵能源集團（RWE）發言人表示。也就是先照顧好股東，再來考慮環保議題，而德國經濟部似乎也願意接受這種作法。

已規劃退場　　　　　　　沒有退場規劃

作為
對照：

74
印度

68
中國

28
美國

以 2050 年的
預測氣溫重新為
城市命名

氣溫上升 2℃是什麼感受？特別是在談到全球平均氣溫時，提到這個抽象的數字會給人怎樣的感受？最好就讓比較值來說明吧！那麼，人們最熟悉的是什麼呢？大概是他們居住的城市吧！所以研究團隊預測了全球五百二十個大型城市到了 2050 年時當地的氣溫和降雨量，並相應標上了現況中與之相符的城市名稱。

到了 2050 年，北半球的城市都會變得比現在溫暖，一些位處熱帶的城市屆時雨量也會減少，整體氣候比較接近現在的副熱帶。具體而言，這意味著：就氣溫和雨量而言，未來的倫敦相當於現今的巴塞隆納，未來的斯德哥爾摩相當於今日的布達佩斯，而柏林則與如今的聖馬利諾市相當。不過，列入研究的城市中，至今仍有 22% 是沒有任何一個城市的氣候現況可與之相對應的，這類城市就無法進行標示。

貝爾法斯特
（英國北愛爾蘭）

墨爾本
（澳大利亞）

卡地夫
（英國威爾斯）

至 2050 年的
預計升溫幅度

1.0-2.0℃

2.01-2.5℃

2.51-3.0℃

超過
3.0℃

馬拉喀什
（摩洛哥）

卡薩布蘭加
（摩洛哥）

140,000 TWh

1800 至 2017 年間 全球能源消耗情形

120,000 TWh

人類需要的能源越來越多——進入二十世紀以來，人類對諸如褐煤、硬煤、礦物油與天然氣等初級能源的需求急遽攀升。然而人類多半不會直接使用這些初級能源，而是將其轉化為像是動力燃料的次級能源後再加以利用。如此一來，意味著只有在重大危機發生時才會減少能源消耗。

100,000 TWh

80,000 TWh

60,000 TWh

40,000 TWh

20,000 TWh

1800	1850	1900

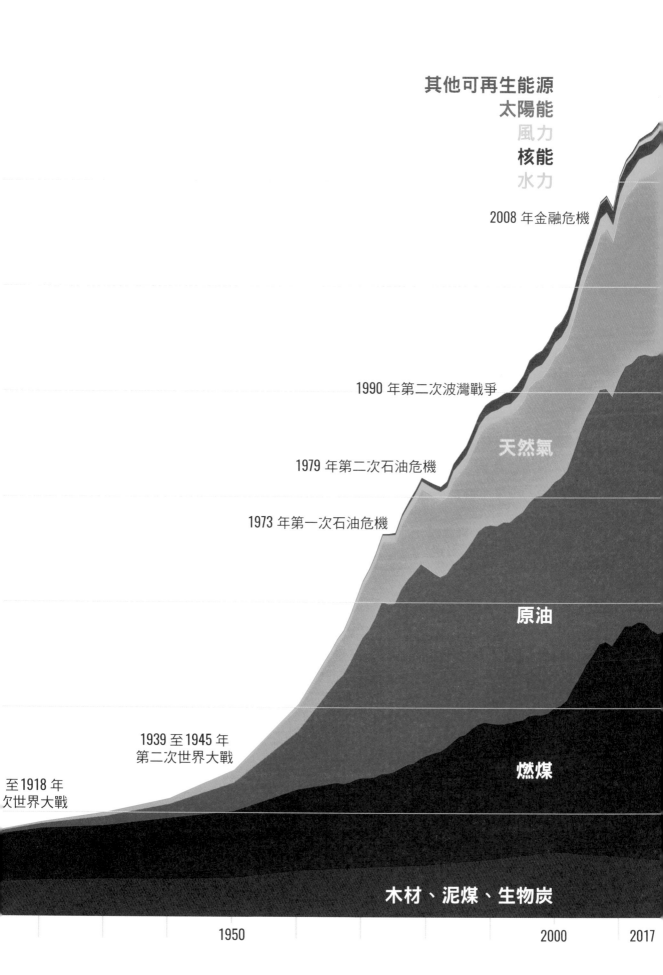

其他可再生能源
太陽能
風力
核能
水力

2008 年金融危機

1990 年第二次波灣戰爭

天然氣

1979 年第二次石油危機

1973 年第一次石油危機

原油

1939 至 1945 年
第二次世界大戰

燃煤

至 1918 年
次世界大戰

木材、泥煤、生物炭

1950   2000   2017

2017 年各國民生 用電 覆蓋率

- 🔅 <10%
- 🔅 10-19.9%
- 🔅 20-29.9%
- 🔅 30-39.9%
- 🔅 40-49.9%
- 🔅 50-59.9%
- 🔅 60-69.9%
- 🔅 70-79.9%
- 🔅 80-90%
- 🔅 >90%

原物料豐富卻無電可用：撒哈拉沙漠以南的非洲有數億人無電可用，比如烏干達境內，只有 10％的人有電可用。然而，電力是經濟發展的前提。此外，北韓也有工業及民生用電不足的問題。

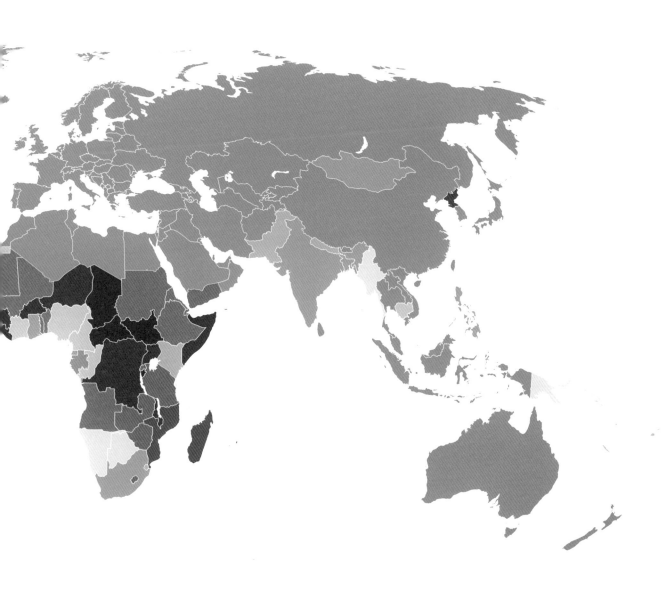

世界最大的垃圾島面積是德國的 4.5 倍大

太平洋大垃圾場
（Great Pacific Garbage Patch）

全球有數百萬噸塑膠垃圾漂流在海洋中。這些垃圾的存在，如今已發展成讓人難以忽視的事實。這些海洋垃圾雖然被簡稱為垃圾「地毯」，實際上卻是由汽油桶、各類瓶瓶罐罐、家具和吸管等雜物組成的「大鍋湯」。不過，這也只是浮出水面的冰山一角：因為漂浮在海面上的塑膠垃圾，其實只是全球海洋垃圾中的百分之一而已。研究人員推估，其餘的大部分海洋垃圾都沉在海底。

德國

1960年以來，歐洲各大城市氣溫上升的幅度

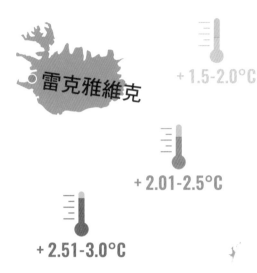

+ 1.5-2.0°C

+ 2.01-2.5°C

+ 2.51-3.0°C

超過
+ 3.0°C

　　雖然現在的希臘依舊比芬蘭溫暖，但那並不代表各國的的氣溫一直維持不變。自1960年以來，歐洲各大城市的平均氣溫呈上升趨勢，即使在希臘只有 1.5℃ 到 2℃的升溫幅度，但到了芬蘭已經明顯上升了 4℃。如此看來，已經回不到過去了，而且未來各地氣溫還會越來越高。

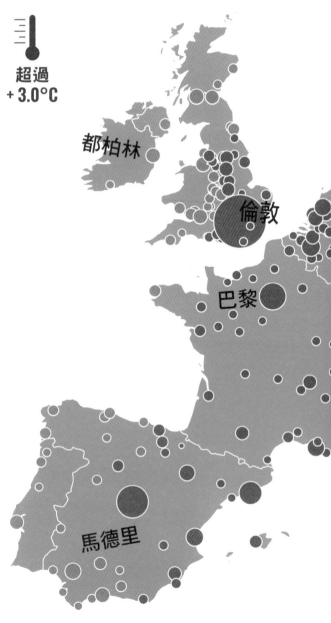

雷克雅維克

都柏林

倫敦

巴黎

馬德里

會燃燒的東西

太多就會讓
我們無福消受的事物

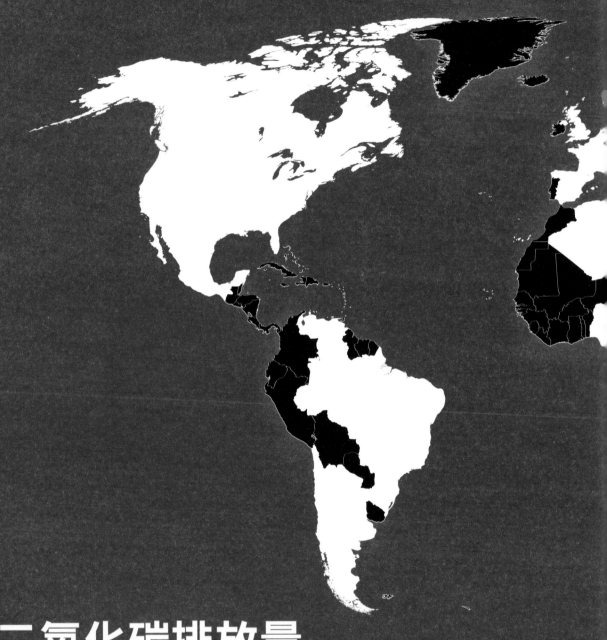

二氧化碳排放量
比全球線上色情消費
造成的二氧化碳排放量
低的 國家

　　據估算，全球線上影片的串流服務每年排放超過三億噸的二氧化碳。這個數量相當於全球二氧化碳年排放總量的百分之一。共犯有網飛（Netflix）和亞馬遜（Amazon）合計約 34％、Youtube 和其他影片供應商合計約 21％、包含抖音（Tiktok!）在內的社群媒體也貢獻了約 18％，以及線上色情影音服務。後者僅在 2018 年一年中就排放了八千萬噸的二氧化碳，而且這還不包含現場直播。

如果所有人都像這些地方的人一樣生活，我們需要有多少個地球？

　　地球上的天然資源有限，「地球超載日」（Earth Overshoot Day）正好可以顯示這個問題的嚴重性。每年會有一天被稱為「地球超載日」，也就是從那天起人類就過著「透支」的生活，比如 2019 年的「地球超載日」發生在那年起算的七個月後。不過，各國對這項指標的貢獻比例各有不同：舉例而言，如果所有人類都像卡達人一樣生活，換算下來，我們需要有 9.3 個地球；若都依循香港人的生活模式，就要 4.2 個地球才有足夠的資源；如果全球都依照德國人的方式生活，還是需要有三個地球的天然資源才足夠。相比之下，巴基斯坦的生活方式就不會超出地球的負荷，依他們的生活態度只需要 0.4 個地球就夠了。

卡達 9.3

香港 4.2

德國 3

巴基斯坦 0.4

年輪

指紋

加拿大
573

美國
5,270

古巴

墨西哥
490

英國
385

愛爾蘭

挪威　芬蘭
荷蘭　瑞典
比利時　　丹麥

德國
799

波蘭
327

捷克

法國
356

白俄羅斯

奧地利　斯洛伐克

匈牙利

瑞士

西班牙
281

葡萄牙

瑞士

義大利
356

塞爾維亞

保加利亞

希臘

阿爾及
利亞

突尼
西亞

摩洛哥

利比亞

奈及利亞

安哥拉

南非
465

委內
瑞拉

哥倫
比亞

祕魯

厄瓜多

智利

巴西
476

阿根廷
204

千里達及
托巴哥

各國年均二氧
化碳排放量
（單位：百萬噸）

誰允許排放多少二氧化碳？二氧化碳排
放量的計算是依國別或以人為基準？自聯合
國首次氣候會議至今，這一直是工業先進國
和發展中國家之間爭論不休的問題。早在數

俄羅斯
1,693

中國
9,839

日本
1,205

耳其
48

亞塞
拜然

伊拉克

敘利亞

以色列

伊朗
672

土庫曼

哈薩克
293

烏茲
別克

北韓

南韓
616

沙烏地
阿拉伯
635

巴基斯坦

科威特

巴林

卡達

阿拉伯
聯合大公國
232

阿曼

印度
2,467

孟加拉

台灣
272

香港

泰國
331

越南

菲律賓

馬來西亞
255

新加坡

印尼
487

紐西蘭

澳大利亞
413

十年前，前者就辯稱，發展中國家之首的中國由於人口眾多及經濟不斷成長，已經為世界製造太多二氧化碳。事實上也確實如此：中國是全球二氧化碳排放量最多的國家。

工業先進國還認為，中國已經因排放過量二氧化碳對氣候造成嚴重傷害，因此有必要採取減排措施。然而這樣的觀點受到的批評不只來自發展中國家，因為那些已經高度發展國家的人均二氧化碳排放量不但高於中國，就歷史層面而言，他們汙染環境的情節更為嚴重，然而針對中國的相關研究並未反映出這樣的背景前提。

各國每年人均
二氧化碳排放量
（單位：噸）

中國方面的反對意見表示，歐洲、北美、日本和澳大利亞等工業先進國家如今能享有富裕的成果，完全是因為他們過去能夠在不受干擾，並且沒有二氧化碳排放限制的條件

俄羅斯
12

南韓
12

蒙古
9.9

北韓
2.3

日本
9.5

哈薩克
16

中國
7

台灣
12

土耳其
5.5

喬治亞
2.8

烏茲別克
3.1

巴基斯坦

亞美尼亞

亞塞拜然
3.9

印度

不丹

黎巴嫩
3.2

敘利亞

土庫曼
13

香港
5.8

斯里蘭卡

約旦
2.2

以色列
8

泰國
4.8

越南
2.1

菲律賓

科威特
25

伊拉克
5.1

伊朗
8.3

馬爾地夫
3.6

汶萊
24

沙烏地
阿拉伯
19

卡達
49

巴林
23

新加坡
11

馬來西亞
8.1

印尼

阿曼
14

阿拉伯
聯合大公國
25

帛琉
14

諾魯
4.9

澳大利亞
17

紐西蘭
7.7

下發展。各發展中國家也訴求能有這種自由發揮的權力,這些發展中國家希望能自己決定,使用哪種能源對他們的經濟發展最有利——這樣的立場是可以被理解的。畢竟,燃煤電廠仍然是許多國家經濟成長的關鍵要素。

目前德國和奧地利的人均二氧化碳排放量仍高於中國,美國更是不在話下。只要這樣的情況維持不變,對中國的減排要求都會顯得站不住腳。瑞士的情形則有所不同。順帶一提,如果世界要達到氣候中和的目標,那麼每人每年能夠排放的二氧化碳額度只有一噸。

全球使用中的手機數量

80 億

全球使用中的牙刷數量

35 億

1789 年歐洲塑膠杯使用情形

　　以前什麼都好。至少直到 1907 年有人在美國發明了以紙板做成的拋棄式免洗杯以前，幾乎什麼都好；或者時間可以在往後拉長一點，直到人類可以用塑膠杯飲用咖啡之前。在那之後，悲劇就開始了。

　　其實，當初在美國一開始拋棄式飲用杯並不是用來喝咖啡，而是搭配飲水機用來飲水的。在二十世紀之初，水被宣傳成代替酒類的健康飲品。乃至於稍後，西班牙流感在全球奪走數百萬人的性命，水更以其衛生訴求成為絕佳賣點。

0

0

0

0

0

0.0

莫斯科

倫敦

從倫敦
開車到紐約

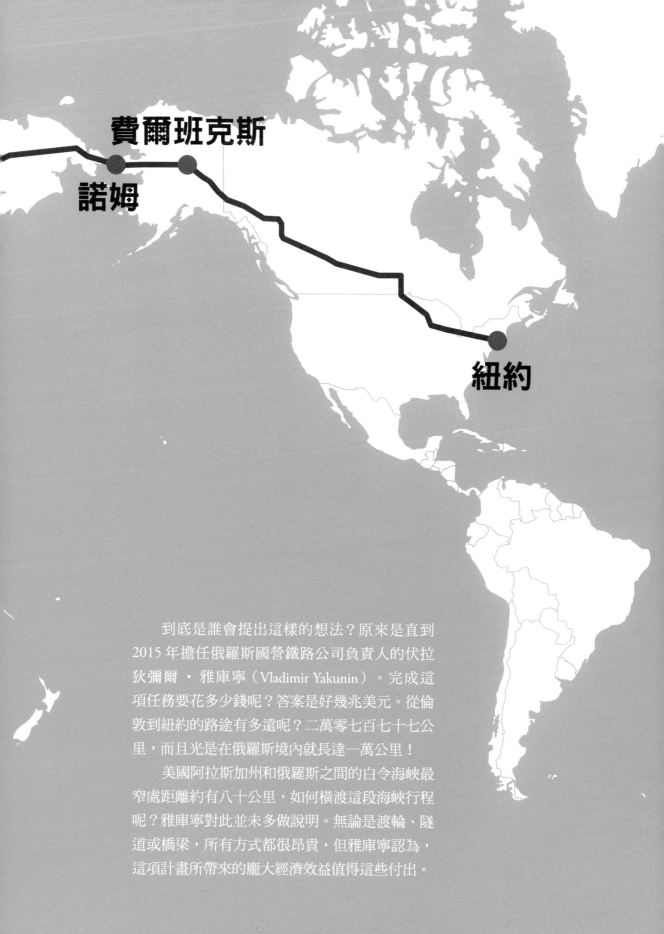

費爾班克斯

諾姆

紐約

到底是誰會提出這樣的想法？原來是直到
2015 年擔任俄羅斯國營鐵路公司負責人的伏拉
狄彌爾・雅庫寧（Vladimir Yakunin）。完成這
項任務要花多少錢呢？答案是好幾兆美元。從倫
敦到紐約的路途有多遠呢？二萬零七百七十七公
里，而且光是在俄羅斯境內就長達一萬公里！

美國阿拉斯加州和俄羅斯之間的白令海峽最
窄處距離約有八十公里，如何橫渡這段海峽行程
呢？雅庫寧對此並未多做說明。無論是渡輪、隧
道或橋梁，所有方式都很昂貴，但雅庫寧認為，
這項計畫所帶來的龐大經濟效益值得這些付出。

被混凝土覆蓋的
地表面積有多少？

人類已經用混凝土、瀝青或其他
人為方式覆蓋約七十至八十萬平方公
里的地表面積，相當於地球陸地面積
的 0.5％。這些被封閉的地表是台灣國
土面積的二十一至二十二倍。

這麼大

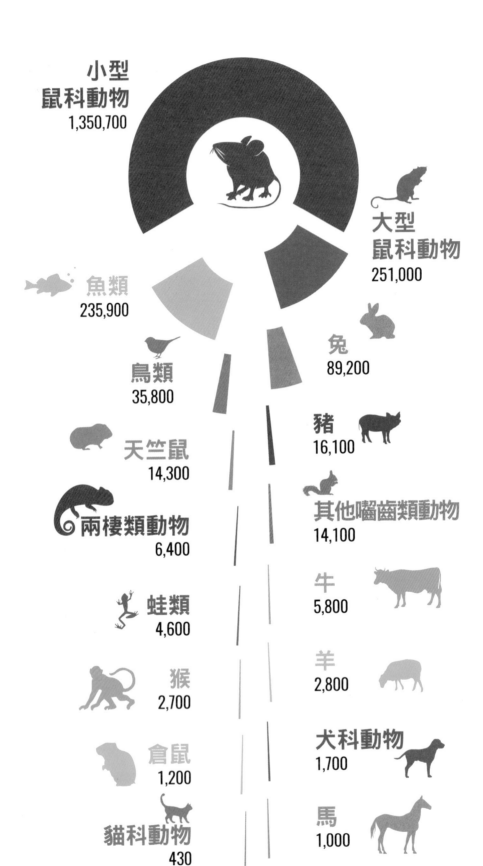

小型
鼠科動物
1,350,700

大型
鼠科動物
251,000

魚類
235,900

兔
89,200

鳥類
35,800

豬
16,100

天竺鼠
14,300

其他囓齒類動物
14,100

兩棲類動物
6,400

牛
5,800

蛙類
4,600

羊
2,800

猴
2,700

犬科動物
1,700

倉鼠
1,200

馬
1,000

貓科動物
430

2017 年德國
境內動物試驗概況
（個別物種中使用的動物數量）

　　老鼠是最受喜愛的動物，至少在動物試驗上是如此。原因在於，老鼠的基因和人類基因的相似度高達 98％。所以這種嚙齒類動物經常被應用在與神經系統或繁殖相關的科學研究或藥物測試上。在德國，2017 年總共用了二百八十萬隻動物進行科學研究，其中約有七十四萬條生命因此犧牲。

不致死
2,069,800

致死
738,500

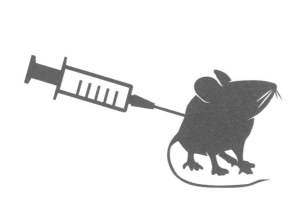

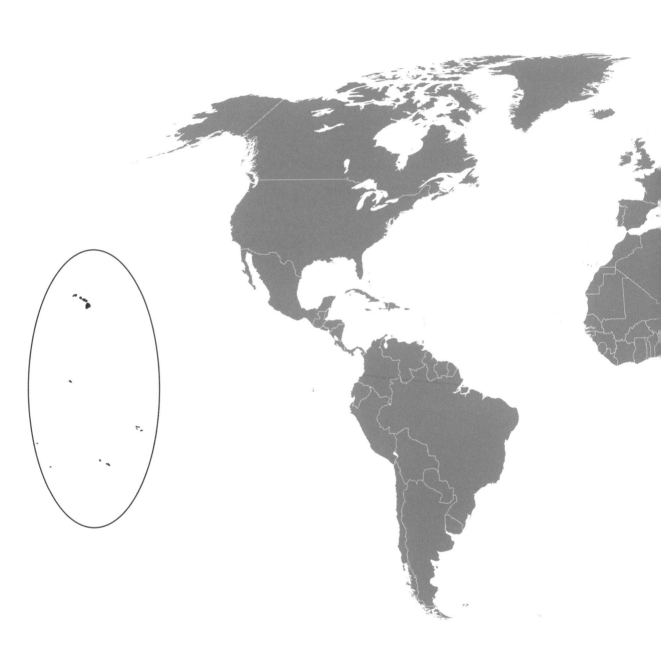

 使用休旅車的地方

 需要使用休旅車的地方

 即將沉沒的島嶼

「沙漠科技」
再生能源
供電計畫

　　歐洲與非洲最大的幾家能源與金融集團的代表聚會，共謀拯救世界：只要有一座長寬各三百公里的太陽能發電廠就足以滿足全世界的用電需求，至於能量來源則為：太陽。而且在沙漠中，對各種生物棲息地的破壞幾乎為零。此外，還有山區的水力發電和北歐的風電可用。

　　以上構想稱為沙漠科技（Desertec）供電計畫，不過這個計畫在 2014 年就無疾而終。原因為何呢？因為期間發生了「阿拉伯之春」的革命浪潮。幸好當初沙漠科技計畫中的部分構想，並未因此使得幾個北非國家停下建設的腳步：目前摩洛哥有全球最大的太陽能熱電廠（Solarwärmekraftwerk）。這座太陽能熱電廠預計發電量為 2,000 百萬瓦（MW），可以供應七十萬戶歐洲家庭的民生用電。如此的供電量能大約是德國一座核能發電廠的兩倍。

風力發電廠　　太陽能發電廠　　生質能電廠　　水力發電廠

併網

「超級電網」

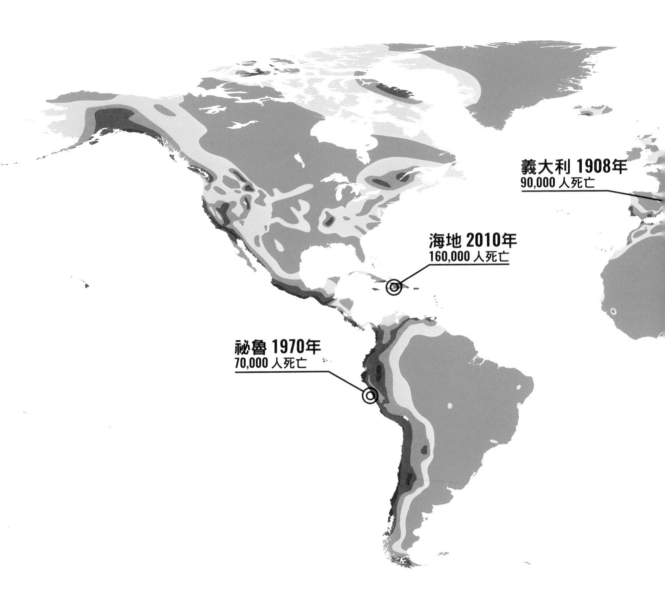

義大利 1908年
90,000 人死亡

海地 2010年
160,000 人死亡

祕魯 1970年
70,000 人死亡

地震風險帶及 1900 年以來
造成重大傷亡的幾次地震

（受害人數為估算值且可能因資料來源而有所不同）

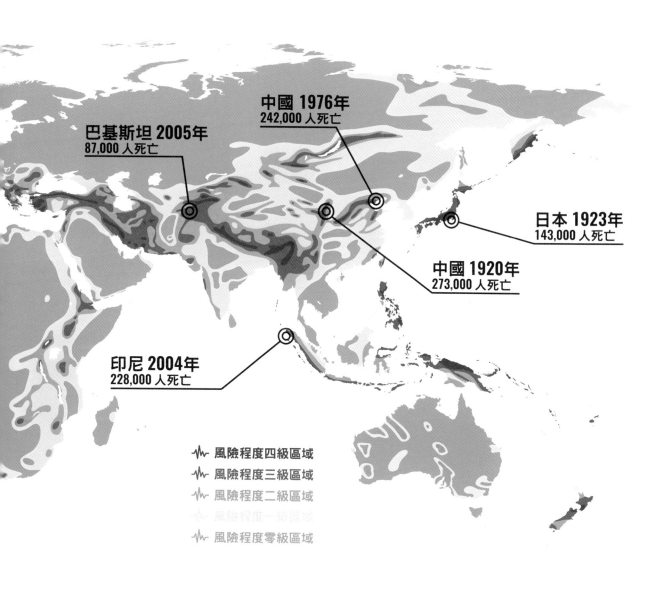

巴基斯坦 2005年
87,000 人死亡

中國 1976年
242,000 人死亡

日本 1923年
143,000 人死亡

中國 1920年
273,000 人死亡

印尼 2004年
228,000 人死亡

-√\/- 風險程度四級區域
-√\/- 風險程度三級區域
-√\/- 風險程度二級區域
-√\/- 風險程度一級區域
-√\/- 風險程度零級區域

　　我們居住的星球每週要震動三次，震動時印尼、菲律賓、日本、美
國、墨西哥、祕魯和智利等地特別有感。有女性科學家的研究發現，這
些地方的人民對宗教信仰特別虔誠，也就是說，災難會直接導致信仰虔
誠度的提高，因為這些災難的發生是無法預知的。所以這點當然可能被
人加以利用，比如傳教士，而且似乎也能見效。基督教救援組織在受害
地區特別活躍的事實也證實了這個論點。

1980

1990

自行車專用交通號誌 ●
轉向指示號誌 ■
綠色隧道 ——
巷弄 ——
品質較好的自行車專用道 ——
分流車道 ==

波特蘭的自行車城市規劃

美國奧勒岡州的波特蘭市（Portland）有六十五萬人口，當地使用自行車代步的比例佔整體交通流量的 7％。自行車的使用人口成長量十分可觀：近二十年來騎自行車的人數增加了七倍，這是該市政府願意投入資源在建置自行車道、交通號誌與重新規劃十字路口的結果。自行車專用車道也在過去四十年裡，增加了六百公里。

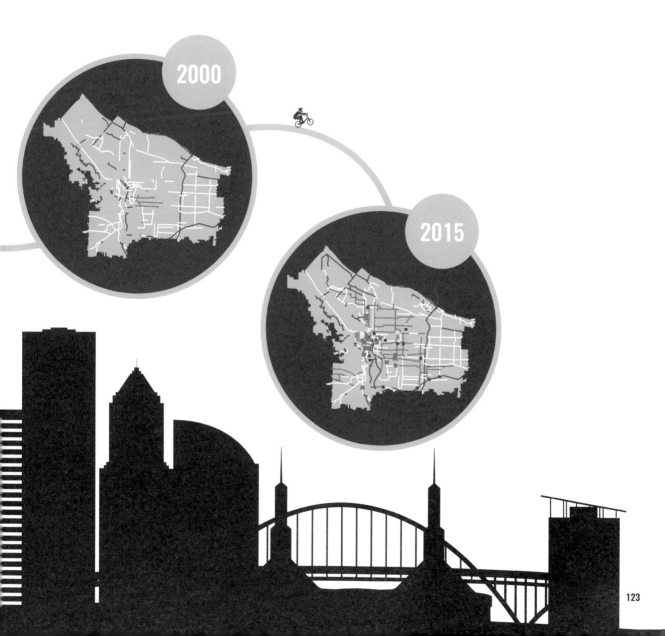

2000

2015

女性與男性的
吸菸人口比例

　　俄羅斯的吸菸人口大概佔總人口數的三分之
一——即便明令年滿十八歲才能購買香菸,而且
所有相關產品上都標有危害健康的警示。整體而
言,仍有 59％男性以及 23％女性吸菸。另外,
雖然西伯利亞鐵路的列車上規定不得吸菸,但基
本上對於車廂間通道的吸菸行為卻是採取視而不
見的縱容態度。

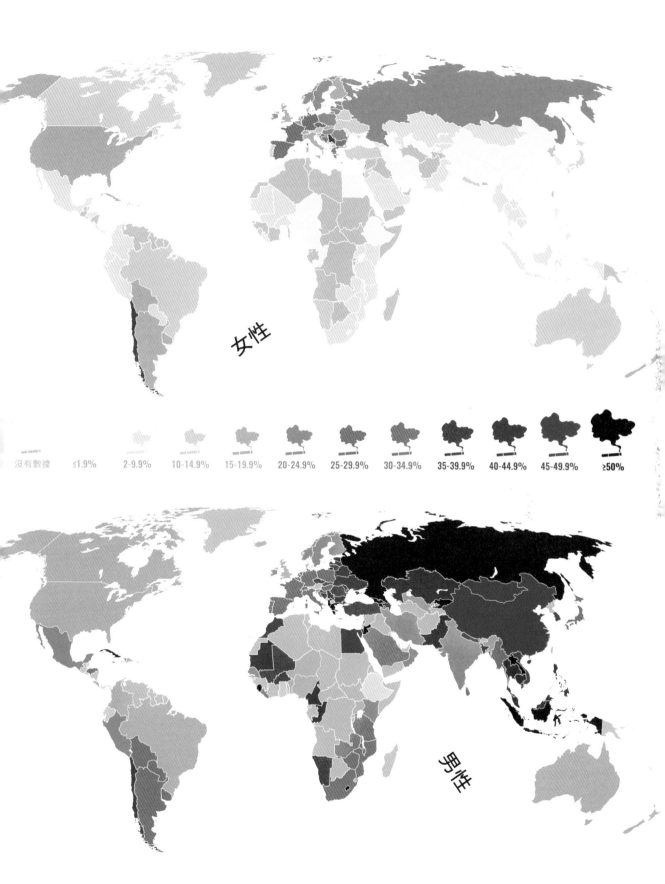

女性

沒有數據　≤1.9%　2-9.9%　10-14.9%　15-19.9%　20-24.9%　25-29.9%　30-34.9%　35-39.9%　40-44.9%　45-49.9%　≥50%

男性

人類佔地球總生物量的
0.01％

……但是對其他物種來說，仍然是可惡至極的混蛋：2018 年生物平衡（Biomassebilanz）報告顯示，因為人類的存在排擠到 83％野生哺乳類動物、80％海洋哺乳類動物、半數植物、15％魚類的生存空間。一位研究人員寫道：當他和女兒玩拼圖時，犀牛旁邊是長頸鹿，長頸鹿旁邊有大象。這看起來蠢極了！因為在現實中看到的景象是牛旁邊是牛，再旁邊還是牛，然後旁邊有隻雞。根據這份研究報告，人類的行為提升了被畜養的牲畜數量——佔所有哺乳類動物的 60％。

所有人類：
6,000 萬噸碳

被人類畜養
的牲畜：
1 億噸碳

陸地哺乳動物的
生物量

野生動物：
700 萬噸碳

所有細菌：
700 億噸碳

2018 年全球
汽車出口情形

汽車生產佔德國經濟總產值的 7.7%。其前五大銷售出口的國家分別是美國、英國、中國、法國和義大利。

德國 154.7

汽車出口
在全球銷量中
所佔的比例
（以百分比計）

20

19.9-10

9.9-

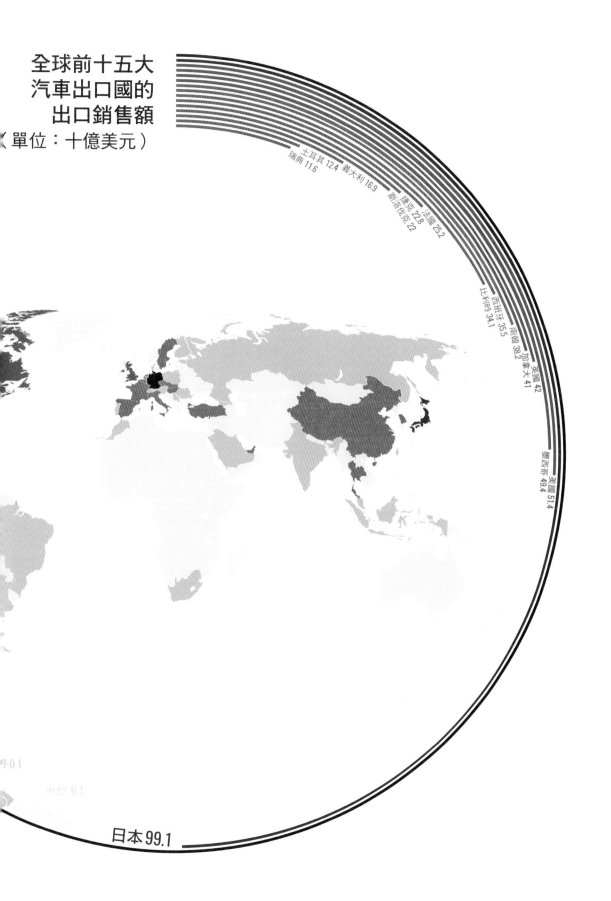

全球前十五大
汽車出口國的
出口銷售額

（單位：十億美元）

瑞典 11.6
土耳其 12.4　義大利 16.9
斯洛伐克 22
捷克 22.8
法國 25.2
西班牙 35.5
比利時 34.1
南韓 38.2
加拿大 42
英國 42
墨西哥 49.4
美國 51.4
日本 99.1

9-0.1
小於 0.1

白色耶誕節？
綠色耶誕節？

漢堡

柏林

科隆

法蘭克福　　22公分

慕尼黑　　28公分

1950 1951 1952 1953 1954 1955 1956 1957 1958 1959 1960 1961 1962 1963 1964 1965 1966 1967 1968 1969 1970 1971 1972 1973 1974 1975 1976 1977 1978 1979

慕尼黑、法蘭克福、漢堡、科隆和柏林，
這幾個城市都在 1963 年和 2010 年經歷過白
色耶誕節，不過也僅此而已。此後，耶誕節
前夕都是一片綠油油的景象。

19 公分

31 公分

23 公分

1984 1985 1986 1987 1988 1989 1990 1991 1992 1993 1994 1995 1996 1997 1998 1999 2000 2001 2002 2003 2004 2005 2006 2007 2008 2009 2010 2011 2012 2013 2014 2015 2016 2017

❄ 白色耶誕節
🌿 綠色耶誕節
X 公分 降大雪

全球十大海上
石油浩劫

2010年，墨西哥灣的深海地平線（Deepwater Horizon）鑽油平台爆炸。為了滅火，專家團隊從遠在六百公里外的德州趕來。火災持續時間為三十六小時；漏油面積差不多整個牙買加（編注：面積約一萬九百九十平方公里，台灣面積約是它的 3.4 倍）那麼大，而且還污染了一千公里的海岸線和海床。不僅前來協助的人員身體健康受到危害，海鳥、海豚和海龜傷亡無數，許多以海維生的人其工作也無以為繼。沒有人確切知道，在此次事件中到底有多少珍貴的原油洩漏出來，倘若根據美國法院的估算，應該有三百一十九萬桶，也就是超過五億公升的原油外洩。

深海地平線（20
492,000-627,000

伊克斯托克1號（Ixto
油井漏油事故（1979
454,000-480,000 公噸

奧德塞號（Odyssey）
油輪漏油事件（1988）
132,000 公噸

卡迪茲號（Amoco Cadiz）
油輪漏油事件（1978）
223,000-227,000 公噸

MT Haven號
油輪爆炸事件（1991）
144,000 公噸

第二次波灣戰爭期間
波斯灣漏油事件（1991）
270,000-820,000 公噸

第一次波灣戰爭，
一輛油罐車撞上諾魯茲油田（Nowruz-Ölfeld）
的一座鑽油平台（1983）
260,000 公噸

西洋女皇號（Atlantic Empress）
油輪漏油事件（1979）
287,000 公噸

ABT Summer號
油輪爆燃事故（1991）
260,000 公噸

德貝佛號（Castillo de Bellver）
油輪爆炸事件（1983）
252,000 公噸

 戰爭損害　 鑽油平台　 油輪事故
以及各事故洩漏的原油量

世界上所有的核能發電廠

自 2011 年以來，德國境內的十七座核電廠，已經關閉十座。距離《科塔普》雜誌總部所在的格萊夫斯瓦德（Greifswald）二十五公里遠的盧布明（Lubmin）核電廠也在停運之列。1990 年時，盧布明核電廠有四個反應爐投入發電。停運後，這座核電廠將面臨拆除的命運，畢竟對現在的德國來說，這座在 1960 年代以舊蘇聯工法建置的核電廠太不安全了。只不過，如何處置盧布明核電廠的核廢料問題，目前尚未有定論。

⊛ 運轉中
⊛ 已關閉
⊛ 建置中

生活在
綠色區域的人口
比藍色區域多

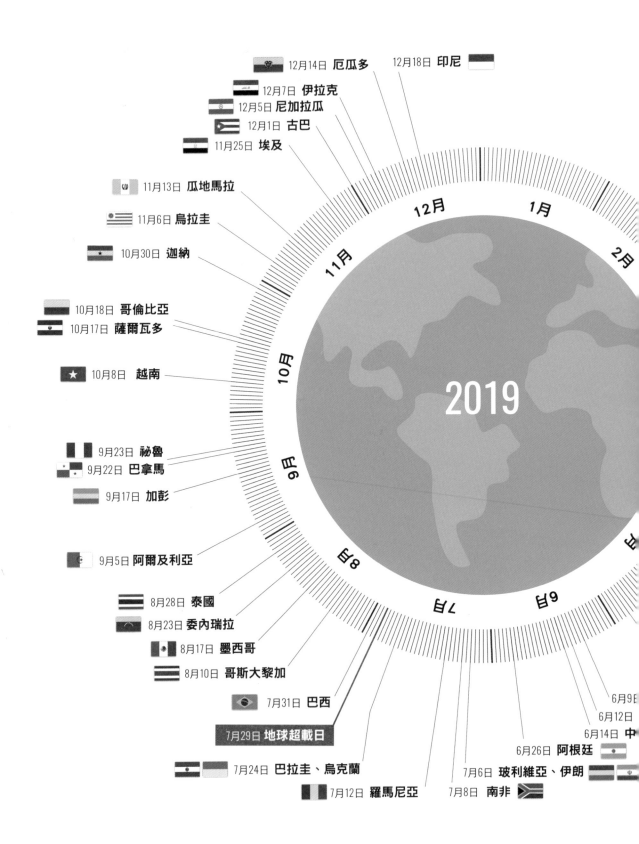

12月14日 **厄瓜多**
12月18日 **印尼**
12月7日 **伊拉克**
12月5日 **尼加拉瓜**
12月1日 **古巴**
11月25日 **埃及**
11月13日 **瓜地馬拉**
11月6日 **烏拉圭**
10月30日 **迦納**
10月18日 **哥倫比亞**
10月17日 **薩爾瓦多**
10月8日 **越南**
9月23日 **祕魯**
9月22日 **巴拿馬**
9月17日 **加彭**
9月5日 **阿爾及利亞**
8月28日 **泰國**
8月23日 **委內瑞拉**
8月17日 **墨西哥**
8月10日 **哥斯大黎加**
7月31日 **巴西**
7月29日 **地球超載日**
7月24日 **巴拉圭、烏克蘭**
7月12日 **羅馬尼亞**

12月
1月
11月
2月
10月
2019
9月
8月
7月
6月

6月9日
6月12日
6月14日 **中**
6月26日 **阿根廷**
7月6日 **玻利維亞、伊朗**
7月8日 **南非**

1日 卡達 ▮

2月16日 盧森堡 ▬

3月8日 阿拉伯聯合大公國 ▬

3月11日 科威特 ▬

3月15日 美國 ▬

3月18日 加拿大 ▮◆▮

3月29日 丹麥 ▬

3月31日 澳大利亞 ▨

4月3日 瑞典 ▬

4月6日 比利時、芬蘭、沙烏地阿拉伯 ▬

4月10日 南韓 ◉ ▮▮

4月12日 新加坡 ◐

4月18日 挪威 ▬

4月26日 俄羅斯 ▬

4月27日 愛爾蘭、斯洛維尼亞 ▮▮ ▦

5月3日 德國、以色列 ▬ ✡

5月6日 紐西蘭 ▨　5月4日 荷蘭 ▬
5月9日 瑞士 ✚
5月13日 日本 ●　5月14日 法國 ▮▮
5月15日 義大利 ▮▮　5月17日 英國 ▥
5月19日 智利 ▬　5月20日 希臘 ▤

日 葡萄牙 ▮
西班牙 ▮

連年提前的
地球超載日

　　1979 年的地球超載日出現在 10 月 29 日、1989 年在 10 月 11 日、1999 年在 9 月 29 日、2009 年落在 8 月 18 日，而 2019 年則發生在 7 月 29 日。地球超載日旨在提醒人類，就永續概念上從哪一天開始我們過起「欠債」的日子——比如，人類消耗的燃料和食物多於全球的生產製造量能。

　　個別國家也能依這個規則計算出各自的地球超載日。像是印尼、厄瓜多或尼加拉瓜這些消費較少的國家，要到 12 月才過上負債的日子；而卡達和盧森堡等國早在 2 月就開始過赤字的生活。不過這也是因為這兩個國家大部分的食物都是以進口方式取得，所以二氧化碳排放量較高，計算出的結果當然較不理想。

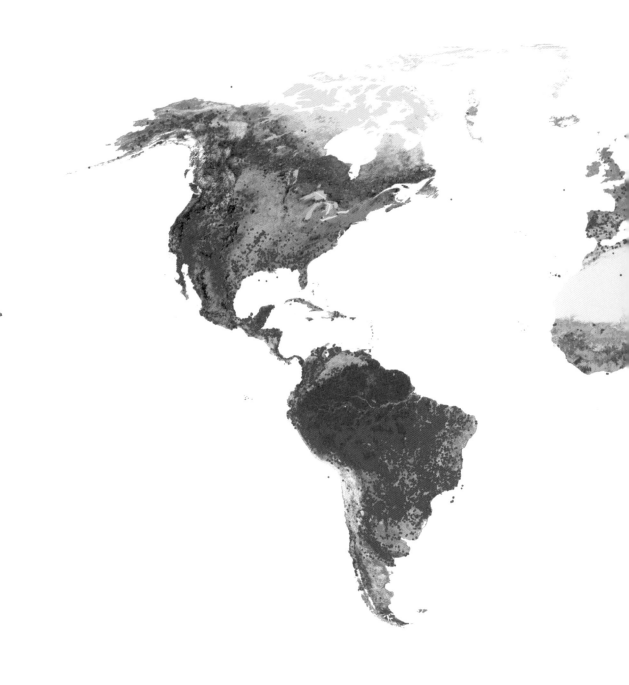

2019 年
夏季衛星
偵測到的火災

　　有些媒體（包含《科塔普》雜誌在內）過去曾經以這份衛星影像作為森林大火頻率增加的證據。不過這種作法並不完全正確，因為衛星的精確程度，連較小型的火災也會偵測到。另外，地圖上嚴重的大型火災、刻意縱火的工業火災事故，或是叢林與山林野火，同樣都以一個點作為標示。雖如此，2019 年森林發生火災的事件特別多仍是不爭的事實。因此，這張圖只是粗略地標出火災的地點。圖上顯示為當年度 7 月與 8 月間發生的所有火災。

在地圖上
標示出人均
二氧化碳排放量
相近的
另一個國名

平均而言，一個德國人製造的二氧化碳相當於兩個烏克蘭人產生的二氧化碳量，也就是說，每年人均二氧化碳排放量超過九公噸。舉例而言，一個家庭二氧化碳排放量的主要來源大致如下：暖氣（佔排放量的36%）、交通（26%）、飲食（12%），以及其他服務性質或產品消費（25%）。

 超過 10

 超過 9

 超過 8

 超過 7

 超過 6

 超過 5

 超過 4

 4 以下

每年人均
二氧化碳排放量
（單位：公噸）

格陵蘭

½x 盧森堡

香港

日本

利比亞

2x

2x 奧地利

½x 德國

土耳其

塞爾維亞

丹麥

全世界 70% 鋰礦
產於圖中的
橘色三角地帶

■ 單一鋰礦

■ 混合礦藏（鋰礦和其他原物料）

　　能源轉型需要電動汽車的助力，而驅動電動汽車又有賴含鋰的電池。這種輕金屬的主要產地在智利、阿根廷與玻利維亞，人稱「鋰三角」的區域。問題在於：智利的原住民反對鋰礦的開採，因為採礦會破壞他們原有的生計，比如阿塔卡馬（Atacama）鹽湖周邊就是很好的例子。此外他們還認為，採礦的獲益不應只惠及私人公司，但偏偏在智利，關鍵產業的私有化程度非常高，例如該國是世界上唯一一個將水利事業完全私有化的國家。

■ 因塑膠垃圾處理不當造成海洋汙染最為嚴重，
而受到德國批評的國家

■ 德國大部分塑膠垃圾出口流向的國家

　　裝義大利麵醬的玻璃罐用後沖洗乾淨，再送到無色透明玻璃的垃圾分類桶；把雞蛋盒壓平後分類到紙類廢棄物；至於麵條的包裝袋——哎呀！就送往國外吧！德國雖然是發明垃圾分類的國家，但製造出來的包材垃圾在歐盟國家中卻也是無人能出其右的。2016 年德國人均製造出二百二十公斤包材垃圾，同時期的保加利亞人均僅有 54.7 公斤。

　　德國這些包材垃圾中，多數會再回收利用，有些會加以焚化，另外約有一百萬公噸塑膠垃圾則以出口的方式處理。多年來，就像全球過半塑膠垃圾一樣，這些從德國出口的塑膠垃圾大部分流入中國。2018 年，中國政府對垃圾輸入實施了進口禁令，於是德國轉向其他亞洲國家輸出垃圾。即便如此，2018 年德國出口的塑膠垃圾中仍有 7%送到香港，再從當地轉運到其他國家。

這麼大

1,400 x 1,400公里

若以 微藻類發展出的生質燃料 來供應全球燃料所需，需要多少面積？

　　燃燒石油對氣候不利，然而從甜菜或油菜籽製成生質燃料又需要大量農地。既然如此，何不利用藻類來開發替代性燃料？藻類的生長不需要淡水、不需要肥沃的土地，而且又可有效利用二氧化碳。無奈，現今藻類生質燃料的發展進度離市場化還有一段頗遠的距離。此外，這張地圖沒有顯示出來的還有：至今微藻類主要培育的地點是陸地上的養殖場。

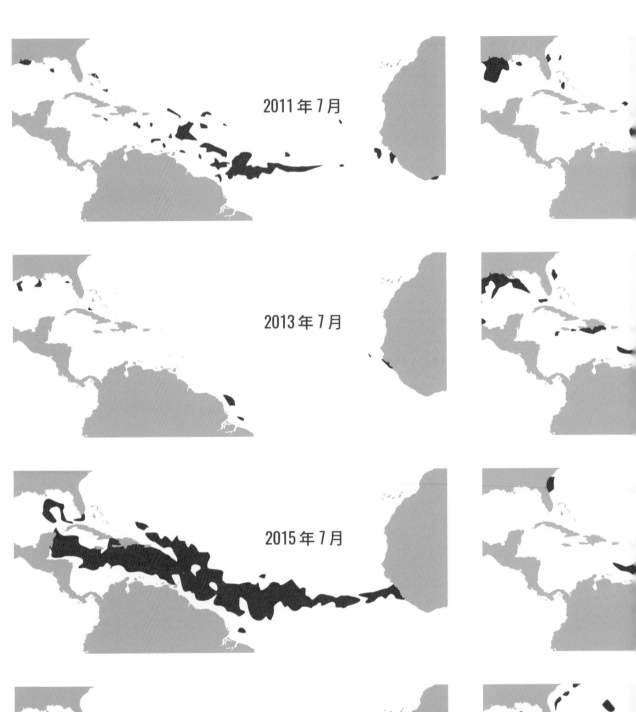

2011 年 7 月

2013 年 7 月

2015 年 7 月

2017 年 7 月

2012 年 7 月

2014 年 7 月

2016 年 7 月

2018 年 7 月

大西洋的「藻類地毯」面積越來越大

　　世界上最大的藻類地毯從非洲西岸一路延伸到墨西哥灣，長達八千八百五十公里。這個數據已經由美國一個研究團隊從衛星影像中得到證實，不過這些研究人員不清楚的是：這重達二千萬公噸的巨型地毯最初到底是如何形成的。有一種理論認為：冬季時，非洲西岸會有一股富含養分的深層海水竄升到海洋表面，因此促成藻類增生。

　　同時，人類在砍伐亞馬遜雨林後施放肥料也是養分進入海洋的另一種管道。然而大量的藻類不利於其他海洋生物的生存，因為藻類會減少其他海洋生物接觸到陽光的機會，從而破壞整個生態系統。

懸浮微粒，
人為的結果

　　人類會隨著每次呼吸吸入細小的微粒，也就是所謂的懸浮微粒。這些懸浮微粒通常是人為因素造成，產生於鍋爐、暖氣、發電廠或肥料的燃燒過程之中。聽起來似乎無害，

1　　　　　　　　50　　　　　　　　100

計量單位：微克／每立方公尺空氣（μg/m³）
（PM 2.5：直徑2.5微米的灰塵粒子）

卻會嚴重汙染我們呼吸的空氣，這種情形在中國和印度特別嚴重。不過懸浮微粒發生的原因或多或少也有天然因素，例如森林和叢林火災、火山爆發與土壤的侵蝕作用。雖然撒

哈拉沙漠上空的沙塵濃度也非常高，不過此處的地圖以呈現出人為因素造成的懸浮微粒為主，因此讀者不會看到沙漠沙塵的相關內容。

島上
一座湖中島上的
湖中島

　　對人群感到厭煩了嗎？放心！可能還沒有人
來過這座島上：這是在一座島上的湖中島上最有
名的湖中島。這座島既沒有名稱，而且位置絕對
偏僻。目前僅在菲律賓發現另一個類似情況的三
級島嶼。

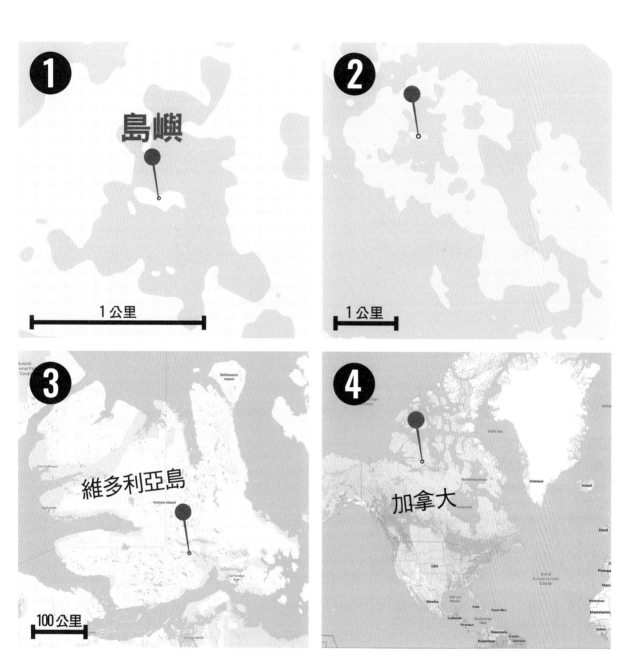

島嶼

1公里

1公里

維多利亞島

100公里

加拿大

森科能源公司
加拿大能源公司
加拿大自然資源公司

挪威油氣收益管理
挪威國家石油公

力拓礦業集團
英國石油公司
萊

德文能源　　　阿契煤業　　康壽能源公司

法國道達爾石油集
嘉能可礦業與

皮巴第能源

西班牙國家石油公司

雪佛龍能源
阿納達科石油公司　　阿爾法天然資源煤業公司
瑞致達能源　　天然資源合作夥伴
埃克森美孚　　康菲石油公司
馬拉松石油公司
西方石油公司

阿爾及利亞國家石油公

墨西哥國家石油公司

委內瑞拉石油公司

奈及利亞國家石油

哥倫比亞國家石油公司

巴西國營石油公司

1988 至 2015 年間，這 **67** 家企業排放了 **67** % 的工業溫室氣體

圖中畫出的每一家企業，運營內容不是探鑽天然氣就是煉油或礦業。順便提醒一下：燃煤是對氣候傷害最大的發電方式。不過能源業推估，燃煤在未來幾十年還會是重要的

蘇爾古特石油天然氣公司

俄羅斯煤炭公司

石油公司

韃靼石油

波蘭煤業

俄羅斯天然氣工業股份公司

煤業

烏克蘭煤業

哈薩克煤業

利埃尼集團

中國石油化工集團公司
（簡稱中石化）

中國海洋石油集團有限公司

中國石油天然氣集團公司
（簡稱中石油）

伊朗國家石油公司

土庫曼斯坦天然氣公司

中國煤業

北亞國家石油公司

伊拉克國家石油公司

北韓煤業

油公司

科威特石油公司

沙烏地國家石油公司

印度石油天然氣公司

阿布達比國家石油公司

卡達石油公司

阿曼石油開發公司

印度煤炭公司

印度新加瑞尼煤業公司

馬來西亞國家石油公司

哥拉國家石油公司

印尼布米礦業

印尼國家石油和天然氣公司

英美資源集團

南非沙索

必和必拓礦業公司

小於0.5％　　超過 0.5 ％　　超過 1 ％　　超過 5 ％

能源載體。整體而言，亞太地區燃燒了全球四分之三的煤炭。

　　注意：這張地圖上有幾個例子是將不同的國營企業統整在一起，如中國〔中國煤業（China Coal）〕或波蘭〔波蘭煤業（Poland Coal）〕。

資源回收率 逾50% 的歐洲國家

　　過去有很長一段時間，歐洲國家只是用清運的方式處理垃圾，而沒有回收再利用。2015年，歐盟執委會提出一項新的行動方案：在循環經濟涵蓋的範圍內，廢棄物應被視為可能的原物料。也就是說，廢棄物應被再利用，並使其重新回到生產製程中，以利未來成為天然資源的一部分。德國在這部分的執行成效明顯遜於荷蘭，比如工業廢棄物經常沒有回收再利用。在德國，工業廢棄物相關的原料再利用率僅有11％。

如何處理住宅區的垃圾？（家庭垃圾及大型廢棄物、廚餘之類的有機垃圾、玻璃、紙類廢棄物）

回收

掩埋

燃燒

■ 資訊不足

北極與南極洲

中國
4,920 公噸

西北太平洋
2,240 公噸

東北
太平洋

孟加拉

印度

越南

中西太平洋
1,270 公噸

中太平洋東部

印尼

東印度洋

西南太平洋

我們吃的魚從
哪裡來？

冷凍鱈魚條包裝上的船長〔譯注：這
裡指的是知名冷凍海產品牌商標上的老船
長——Iglo 船長（Käpt'n Iglo），該品牌最知
名的產品是酥炸鱈魚條〕沒說實話：人稱「阿
拉斯加鱈鮭」的魚，可不是真的來自阿拉斯
加的鮭魚，而是一種太平洋狹鱈。這種魚並
非鮭魚，而是鱈魚的一種，或至少與大西洋
鱈有較近的親緣關係。至於可以捕撈到的地

東北大西洋

挪威

西北大西洋

地中海與
黑海

埃及

中西大西洋

東大
西洋中部

南太平洋

智利

西南
大西洋

東南
大西洋

西印度洋

聯合國糧食及農業組織
（FAO）規範的野生捕撈區域

全球前幾大
養殖漁業國家與漁產量

點並不只限於阿拉斯加，鄂霍次克海或週近環境條件
類似的地方也都捕捉得到。一切都是行銷策略，因為
阿拉斯加聽起來就是比較討喜。無論這種魚從哪裡來，
牠畢竟都是德國境內食用最多的魚類，2017 年德國每
人平均吃了二十七塊酥炸鱈魚條。

對於 8%的男人來說，
綠色看起來是什麼樣子呢？

紅色

全球僅剩 13％的海洋
保留未開發的野生狀態

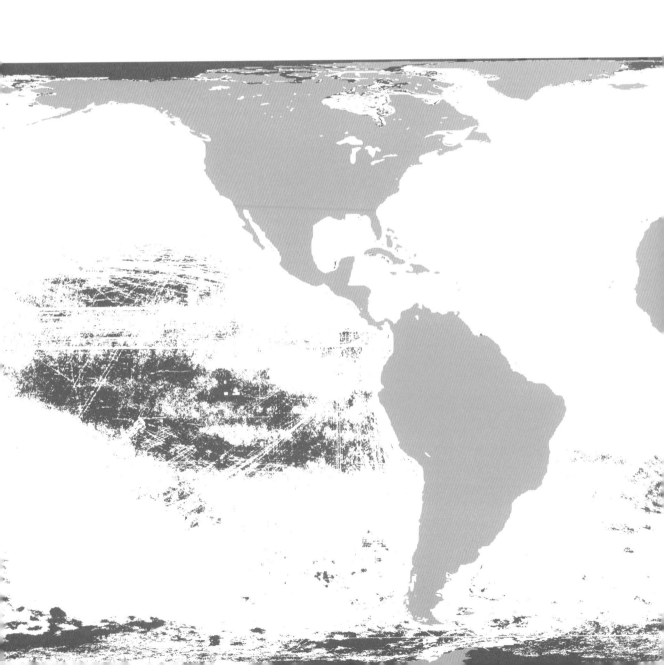

消逝中的珊瑚礁、過度捕撈的海域、垂死掙扎的魚兒——到底哪裡還有完好無損的海洋？有個研究團隊試著找出答案，結果他們發現：只有在那些沒有人的地方，才有良好的海洋環境，比如偏遠的公海、北冰洋（又稱北極海）或南極大陸。目前全球被列為漁業保護區的海洋荒野（marine Wildnis）僅有 5％。

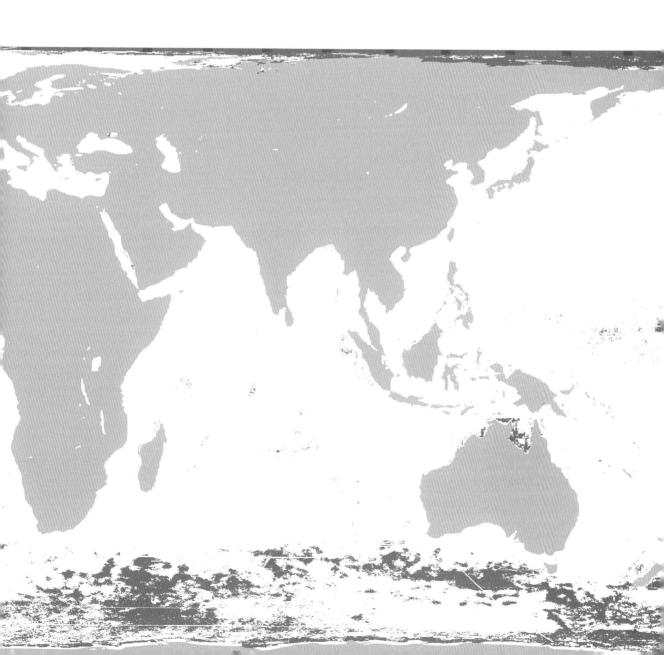

世界上最危險的動物

（每年的死亡人數，依 2000 年至
2010 年間的平均受害人數計算）

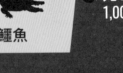

死亡人數：
1,000人

鱷魚

條蟲

死亡人數：
500 人

河馬

死亡人數：
50,000人

蛇

死亡人數：
40,000人
主要因狂犬病

狗

2.

死亡人數：
475,00
主要因謀殺

人類

3.

死亡人數：
110,000人

主要因血吸蟲症
（Schistosomiasis）感染

淡水蝸牛

鯊魚

死亡人數：
10 人

獅子

死亡人數：
100 人

狼

死亡人數：
10 人

大象

死亡人數：
100 人

死亡人數：
2,000 人

舌蠅

死亡人數：
9,000 人

主要因嗜睡症感染

錐鼻蟲

死亡人數：
12,000 人

主要因查加斯氏病
（Chagas-Krankheit）感染

蛔蟲

死亡人數：
60,000人

1.

蚊子

死亡人數：
725,000人

主要因黃熱病、登革熱、
瘧疾等疾病的感染

大部分的鳥類在
哪裡繁衍後代？

　　較少農業開發和人跡罕至的地方最適合白尾海鵰（Seeadler）。最近在歐洲北部越來越常見到牠們現蹤，因為白尾海鵰會在挪威叼走座頭鯨的食物，還會在芬蘭偷走狼群的獵物。在德國，白尾海鵰在超過七百處森林孵育後代，這是前所未有的紀錄

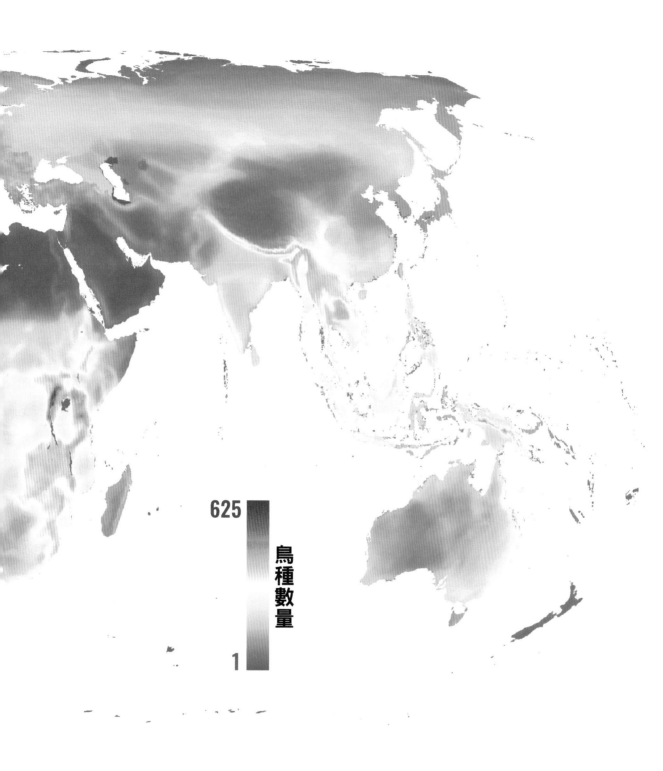

鳥
種
數
量

625

1

慢慢消失中的事物

消失就會
讓我們感到不安的事物

比起到店選購，
線上買鞋製造較少二氧化碳
——但是對環境更不利？

如果所有人都選擇線上購物，市中心應該就安靜多了。意外的是，線上購物產生的二氧化碳排放量不會比到店購物還高，尤其如果是開車去購物，甚至會排放三倍的二氧化碳。

原因是：商店需要許多能源，因此二氧化碳排放數值的表現自然不佳。貨物終究需要保管存放起來，而展售空間也需要用電。此外，電器行消耗的能源又比銷售鞋子或書本的商店還多。高價商品放在櫥窗展示時，需要更好的照明，如此一來也會提升二氧化碳排放量。另外，還要加上進到市區搭乘的汽車、公車或火車等交通工具。

坐在家裡的沙發上進行線上購物只需要選物的好心情（零克二氧化碳）和電（六十克二氧化碳）。不過需要斟酌的是：線上預訂的商品，尤其是鞋子和紡織品，高達80%會遭到退貨的命運，這部分會產生三百七十克的二氧化碳，但如果在購物中心買東西就不會有這方面的問題。

整體而言，步行或騎自行車到商店購物仍然是較好的解決方案，因為線上交易有個很大的缺點：遭到退貨的商品通常會被直接丟棄。從生態的角度來看，這種作法簡直就是一場災難，因為商品在製造過程中已經造成環境的負擔，如果再遭到退貨，對環境的汙染又遠遠超出必要的範圍。

搭乘大眾交通工具前往商店購物

交通距離 20 公里

1,710 克

轉運中心與貨物運輸 270 克
商店所需能源 1,000 克
大眾交通工具 440 克

線上訂購

含退貨運送

1,030 克 CO_2

倉儲與寄送 600 克
電腦用電 60 克
退貨 370 克

**騎自行車前往
商店購物**

或：步行前往

1,270 克

轉運中心與貨物運輸 270 克
商店所需能源 1,000 克

3,270 克

轉運中心與貨物運輸 270 克
商店所需能源 1,000 克
汽車廢氣 2,000 克

**開車前往
商店購物**

交通距離 20 公里

2019 年的馬爾地夫

伊達萬狄普盧環礁
（Idavandhippolhu-Atoll）

提拉敦馬蒂環礁
（Thiladhunmathee-Atoll）

馬麥庫努度環礁
（Maamakunudhoo-Atoll）

米拉敦馬杜魯環礁
（Miladhunmadulu-Atoll）

馬洛斯麻杜魯環礁
（Maalhosmadulu-Atoll）

法地珀魯環礁
（Faadhippolhu-Atoll）

格亦度環礁
（Goidhoo-Atoll）

馬列環礁
（Malé-Atoll）

阿里環礁
（Ari-Atoll）

尼蘭度環礁
（Nilandhoo-Atoll）

費利杜環礁
（Felidhu-Atoll）

柯魯馬杜盧環礁
（Kolhumadulu-Atoll）

哈杜馬蒂環礁
（Haddhunmathi-Atoll）

胡瓦杜環礁
（Huvadhu-Atoll）

阿杜環礁
（Addu-Atoll）

2100 年的馬爾地夫

 原阿杜環礁的最高點

地球上距離任一方陸地最遠的那個點

　　提到尼莫點（Point Nemo）的文章至少有二百三十五篇，而且每篇都有相同的開頭：「嘿！受夠人群了嗎？尼莫點是世界上最偏遠的地方。」這樣的開場白當然是誇張了，真正需要獨處的人才不會到尼莫點去呢！那麼到底誰會對這地方感興趣呢？答案是和航太領域相關的人。美國人、中國人和俄羅斯人會在那裡傾倒他們的太空垃圾。自 1971 年起，已經有至少二百六十艘遭到淘汰的太空船沉沒在尼莫點，因為選擇在那裡墜落幾乎不會侵擾到任何人。

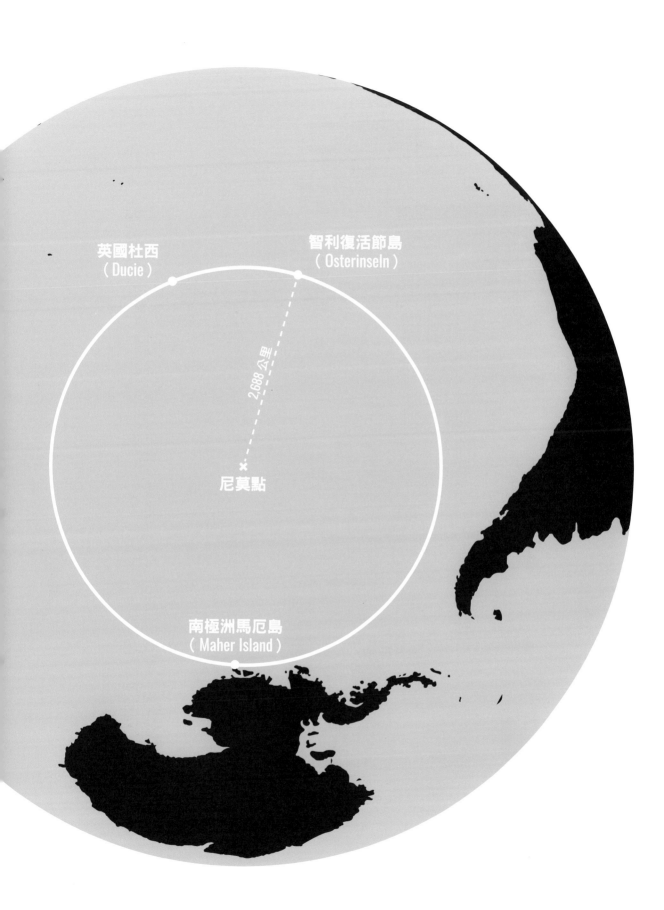

英國杜西
（Ducie）

智利復活節島
（Osterinseln）

2,688 公里

尼莫點

南極洲馬厄島
（Maher Island）

製作本書或其他書籍
四十冊的二氧化碳排放量和
製造一部電子閱讀器相當

從生態角度來看，電子閱讀器真的比一堆會積灰塵的紙本小說好嗎？研究人員發現，還可以啦！印刷和銷售一本書，雖然會因為紙張威脅到森林的存在而傷害到環境，並且排放二氧化碳，但是電子閱讀器的生產製造也會造成環境的負擔。不過如果能用電子閱讀器閱讀超過四十本書，相較之下，反而留下的碳足跡會較少。

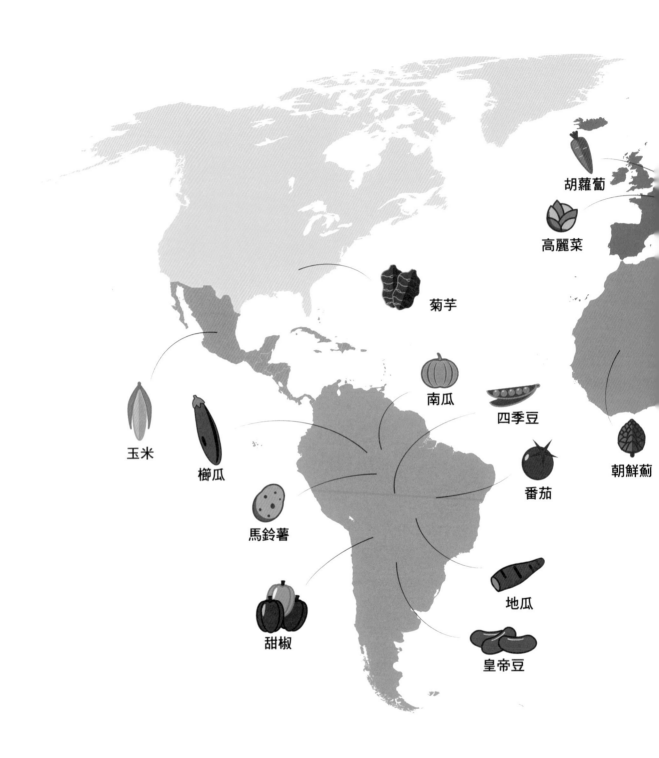

胡蘿蔔

高麗菜

菊芋

南瓜

四季豆

朝鮮薊

番茄

玉米

櫛瓜

地瓜

馬鈴薯

甜椒

皇帝豆

我們食用的蔬菜從哪裡來？

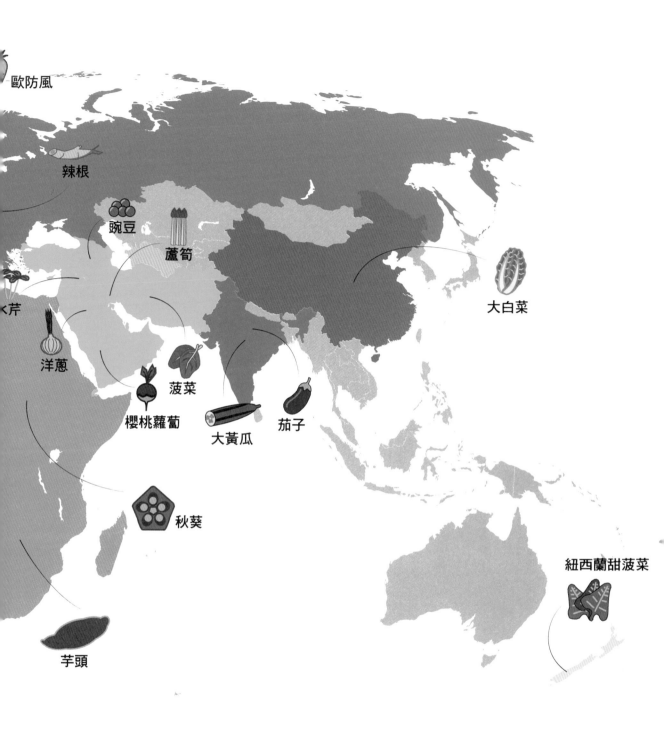

歐防風

辣根

豌豆

蘆筍

大白菜

水芹

洋蔥

菠菜

櫻桃蘿蔔

大黃瓜

茄子

秋葵

紐西蘭甜菠菜

芋頭

　　番茄是蔬菜中的搶手貨。這個蔬菜的命運轉折點就在 1876 年開始可以將它工業加工成番茄醬之後，可是出名以後難免就會出現批評的聲音：有幾位英國和北歐貴族在大快朵頤後喪命，馬上又讓番茄的名聲一敗塗地。不過這樣的汙名並不公道，因為問題出在使用錫鉛合金製成的盤子上。番茄中的酸會將材質裡面的鉛溶解出來，為人類帶來致命的後果。

找到死掉的魚

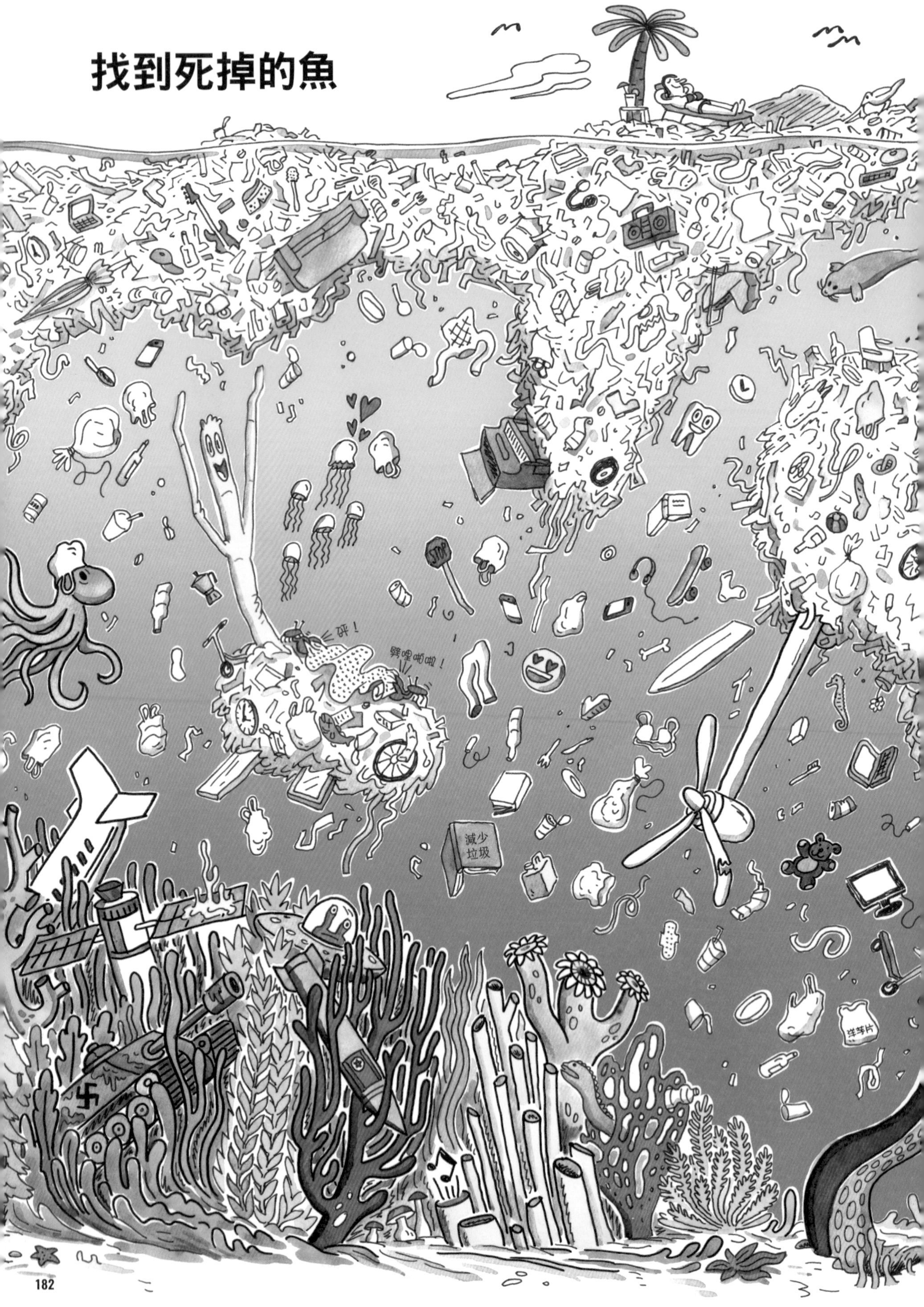

香菸濾嘴

舊靴子

資料來源

運轉中的燃煤電廠（頁 10）
Coal Swarm Project.

2018 年鯊魚 vs. 人類（頁 14）
Floridamuseum.ufl.edu.

要種植多少植物才能中和全球的二氧化碳排放量？（頁 18）
Bastin, Jean-François u. a.: The global tree restoration potential, in: American Association for the Advancement of Science, (365) 2019, Nr. 6448, S. 76-79；《科塔普》雜誌自行研究與預測的結果。

綠色區域是地球上還有可能造林的地方（頁 20）
同上。

每三個海洋垃圾中，就有一件是廢棄菸蒂（頁 22）
Cleanupnetwork.com.

1850 至 2010 年間瑞士境內幾大冰河面積縮小概況（頁 24）
Glacier Monitoring Switzerland, data.opendataportal. at; Tagesanzeiger.

一萬二千年樹木數量減少的情形（頁 30）
自研成果。

畜養馬、狗和貓對環境造成的負荷程度（頁 34）
Annaheim, Jasmin; Jungbluth, Niels; Meili, Christoph: Ökobilanz von Haus- und Heimtieren: Überarbeiteter und ergänzter Bericht, Schaffhausen 2019.

重視人民福祉的國家（頁 40）
Wellbeingeconomy.org.

郵輪旅客數量攀升（頁 42）
Telegraph.co.uk; cruisemarketwatch.com；自研成果。

歐洲自行車專用道支出概況（頁 44）
Greenpeace; OpenStreetMap.

世界各國森林佔全國總面積的比例（頁 46）
Weltbank.

2017 年懸浮微粒汙染情形（頁 50）
Earthobservatory.nasa.gov.

浣熊的分布範圍與氣候變遷的關係（頁 52）
Louppe, Vivien; Herrel, Anthony u.a.: Current and future climatic regions favourable for a globally introduced wild carnivore, the raccoon Procyon lotor, in: Scientific Report (9) 2019, Nr. 9174.

各種家畜飼育過程中消耗的資源及糧食產出成果（頁 56）
Fiebelkorn, Florian: Entomophagie - Insekten als Nahrungsmittel der Zukunft, in: Biologie in unserer Zeit, (2) 2017, S. 104-110; Fiebelkorn, Florian; Kuckuck, Miriam: Immer mehr Menschen mit Hunger auf Fleisch, in: Geographische Rundschau, (6) 2019, S. 48-51；自研成果。

全球五大水力發電廠與其他各類發電量最大的發電廠產能比較圖（頁 58）
US Energy Information Administration; ourworldindata. org; informationisbeautiful.net; Unipro; IAEA; IEA.-Stand2018.-

茄子的尼古丁含量（頁 60）
Vidard, Mathieu: Science To Go. Merkwürdiges aus der Welt der Wissenschaft, München 2018, S. 41.

有害臭氧物質的使用（頁 62）
UN Environment Programme Ozone Secretariat; ourworldindata.org.

德國境內閒置家中的舊手機（頁 64）
Bitkom.org; Umweltbundesamt；自研成果。

以太陽能發電及風力發電供應全球用度，各需多大面積（頁 66）
Desertec.org; May, Nadine: Eco-balance of a Solar

Electricity Transmission from North Africa to Europe, Braunschweig 2005；自研成果。

人均二氧化碳排放量高於台灣的國家（頁 68）
op.europa.eu/en/publication-detail/-/publication/9d09ccd1-e0dd-11e9-9c4e-01aa75ed71a1/language-en.

2018 年全球各地發生的極端天然災害事件及受害人數（頁 70）
Internal-displacement.org.

地球上每年消失的熱帶森林面積有多少？（頁 72）
Global Forest Watch; Agrar-Atlas 2019; regenwald-schuetzen.org.

生態足跡（頁 74）
Global Footprint Network.

歐洲森林面積增加概況（頁 76）
Fuchs, R. u.a.: A high-resolution and harmonized model approach for reconstructing and analysing historic land changes in Europe, in: Biogeosciences, (10) 2013, Nr. 3, S. 1543-1559; HILDA-Daten historischer Landnutzungswandel der Universität Wageningen.

《巴黎氣候協定》在各國的落實情形（頁 78）
Climate Action Tracker.

2018 年歐洲的發電量中煤電佔有多少比例？（頁 80）
Lea.org; beyond-coal.eu；自研成果。

以 2050 年的預測氣溫重新為城市命名（頁 82）
Bastin, Jean-François u. a.: Understanding climate change from a global analysis of city analogues, in: PLOS ONE, (14) 2019, Nr. 7.

1800 至 2017 年間全球能源消耗情形（頁 84）
ourworldindata.org.

2017 年各國民生用電覆蓋率（頁 86）
Weltbank; IEA.

世界最大的垃圾島（頁 88）
Boell.de; Plastikatlas 2019.

1960 年以來，歐洲各大城市氣溫上升概況（頁 90）
Berkeleyearth.lbl.gov.

二氧化碳排放量比全球線上色情消費造成的二氧化碳排放量低的國家（頁 94）
The Shift Project.

如果所有人都像這些地方的人一樣生活，我們需要有多少個地球？（頁 96）
https://www.wwf.org.hk/en/whatwedo/biodiversity_and_sustainability_in_hong_kong/ecological_footprint_2019/

各國年均二氧化碳排放量（頁 100）
Global Carbon Atlas 2017；自研成果。

各國每年人均二氧化碳排放量（頁 102）
Global Carbon Atlas 2017；自研成果。

手機與牙刷的使用量（頁 104）
Theatlas.com.

從倫敦開車到紐約（頁 110）
Cnn.com.

被混凝土覆蓋的地表面積有多少？（頁 112）
http://www.fao.org/faostat/en/#data/LC

2017 年德國境內動物試驗概況（頁 114）
Bundesministerium für Ernährung und Landwirtschaft.

「沙漠科技」再生能源供電計畫（頁 118）
Desertec.org；自研成果。

地震風險帶及 1900 年以來造成重大傷亡的幾次地震（頁 120）
Natural Hazards Database on Earthquakes UNEP/GRID.

波特蘭的自行車城市規劃（頁 122）
ADFC; Buehler, Ralph: Street-Design fürs Fahrrad. Lernen vom Newcomer USA?, Blacksburg 2018; Portland Bureau of Transportation.

女性與男性的吸菸人口比例（頁 **124**）
World Health Organization.

人類佔地球總生物量的 **0.01**％（頁 **126**）
Bar-On, Yinon M.; Phillips, Rob; Milo, Ron: The biomass distribution on Earth, in: PNAS, (115) 2018, Nr. 25.

2018 年全球汽車出口情形（頁 **128**）
Worldstopexports.com.

白色耶誕節？綠色耶誕節？（頁 **130**）
Wetterkanal.kachelmannwetter.com.

全球十大海上石油浩劫（頁 **132**）
Marineinsight.com；自研成果。

世界上所有的核能發電廠（頁 **134**）
OpenStreetMaps; IAEA；自研成果。

連年提前的地球超載日（頁 **138**）
Overshootday.org.

2019 年夏季衛星偵測到的火災（頁 **140**）
Earthdata.nasa.gov (Active Fire Data).

在地圖上標示出人均二氧化碳排放量相近的另一個國名（頁 **142**）
Global Carbon Atlas.

全世界 **70**％鋰礦產於圖中的橘色三角地帶（頁 **144**）
U.S. Geological Survey；自研成果。

因塑膠垃圾處理不當而嚴重汙染海洋的國家（頁 **146**）
Statista；自研成果。

以微藻類發展出的生質燃料供應全球燃料需求所需的面積（頁 **148**）
Greene, Charles H. u. a.: Marine Microalgae: Climate, Energy, and Food Security from the Sea, in: Oceanography, (29) 2016, Nr.4. S. 10-15.

大西洋的「藻類地毯」面積（頁 **150**）
Marine.usf.edu.

懸浮微粒，人為的結果（頁 **152**）
Earthobservatory.nasa.gov.

1988 至 **2015** 年間，這六十七家企業排放了 **67**％的工業溫室氣體（頁 **156**）
The Carbon Majors Database 2017；自研成果。

資源回收率逾 **50**％的歐洲國家（頁 **158**）
Lehmann, Sylvia; Obermeier, Thomas: Recyclingquoten - Wo stehen Deutschland, Österreich und die Schweiz mit dem neuen Rechenverfahren im Blick auf die EU-Ziele?, in: Friedrich, Bernd u. a. (Hg.): Recycling und Rohstoffe, Bd. 12, Neuruppin 2019, S. 85-98.

我們吃的魚從哪裡來？（頁 **160**）
Food and Agriculture Organization of the United Nations (Hg.): The State of World Fisheries and Aquacultures 2018.

全球僅剩 **13**％的海洋保留未開發的野生狀態（頁 **164**）
Jones, Kendall R. u. a.: The Location and Protection Status of Earth's Diminishing Marine Wilderness, in: Current Biology, (28) 2018, Nr. 15, S. 2506-2512.

世界上最危險的動物（頁 **166**）
Floridamuseum.ufl.edu；自研成果。

大部分的鳥類在哪裡繁衍後代？（頁 **168**）
Jenkins, Clinton N.; Pimm, Stuart L.; Joppa, Lucas N.: Global patterns of terrestrial vertebrate diversity and conservation, in: PNAS, (110) 2013, Nr.28; biodiversitymapping.org; Birdlife International.

買鞋的二氧化碳排放量（頁 **172**）
Oeko.de.

2019 和 **2100** 年的馬爾地夫（頁 **174**）
Bamber, Jonathan L. u. a.: Ice sheet contributions to future sea-level rise from structured expert judgment, in: PNAS, (116) 2019, Nr.23；自研成果。

製作四十本書的二氧化碳排放量（頁 **178**）
Jeswani, Harish; Azapagic, Adisa: Is e-reading environmentally more sustainable than conventional reading?, in: Clean Technologies and Environmental

Policy, (17) 2014, Nr. 3, S. 803-809.

我們食用的蔬菜從哪裡來？（頁 180）
Ciat.cgiar.org.

後記
來自格萊夫斯瓦德的《科塔普》雜誌

「拜託！別又要出書了……」——好吧！既然都說出口了，那就做吧！這次《科塔普》雜誌公司出的第二本書要故意設下陷阱，讓那些有心人跌倒後，再彬彬有禮地把他們扶起來。因為《科塔普》雜誌的理念就是：把科學知識變得有趣又好懂、挑戰既有觀點，並提出論據。《科塔普》雜誌在 2015 年成立後，很快就形成一股風潮，如今固定每三個月出刊。現在也開始出書了。

除了在印刷書市場取得成功外，總編輯弗瑞德里希帶領的團隊策畫出的圖表和文字也會定期在線上發表，讓社會各階層、不同年齡層的人都有機會讀到。

參與本書製作的人員有鮑爾（Philipp Bauer）、博克胥（René Bocksch）、德恩（Jonathan Dehn）、艾勒斯（Tim Ehlers）、班雅明・弗瑞德里希、愛麗絲・弗瑞德里希（Iris Fredrich）、盧茲・弗瑞德里希（Lutz Fredrich）、迦貝樂（Julius Gabele）、浩普（Sebastian Haupt）、希爾德布蘭特（Christian Hildebrandt）、卡茨（Juli Katz）、愷德爾（Nathanael Keidel）、恪拉默（Christina Klammer）、坷倪威爾（Jan-Niklas Kniewel）、帕絮（Eva Pasch）、里格爾（Leonard Riegel）、洛克羅爾（Ole Rockrohr）、席美可（Cornelia Schimek）、述兒特（Stefanie Schuldt）、席貝特（Robin Siebert）和堤敏思（Andrew Timmins）。

原本該出現在這個位置的圖表沒法納入本書，
因為書賣得太便宜了。

運作會停擺* 的東西……

會讓我們覺得
麻煩的事情

BO0327

地球生存地圖
88 張環境資訊圖表，看懂世界資源消耗與氣候危機

原 文 書 名／102 grüne Karten zur Rettung der Welt
作　　　者／《科塔普》雜誌（Katapult）
譯　　　者／黃慧珍
編 輯 協 力／李　晶
責 任 編 輯／鄭凱達
企 畫 選 書／陳美靜
版　　　權／黃淑敏
行 銷 業 務／周佑潔、黃崇華、林秀津、賴晏汝、劉治良

總　編　輯／陳美靜
總　經　理／彭之琬
事業群總經理／黃淑貞
發　行　人／何飛鵬
法 律 顧 問／台英國際商務法律事務所　羅明通律師
出　　　版／商周出版
　　　　　　臺北市 104 民生東路二段 141 號 9 樓
　　　　　　電話：(02) 2500-7008　傳真：(02) 2500-7759
　　　　　　E-mail: bwp.service @ cite.com.tw
發　　　行／英屬蓋曼群島商家庭傳媒股份有限公司　城邦分公司
　　　　　　臺北市 104 民生東路二段 141 號 2 樓
　　　　　　讀者服務專線：0800-020-299　24 小時傳真服務：(02) 2517-0999
　　　　　　讀者服務信箱 E-mail: cs@cite.com.tw
　　　　　　劃撥帳號：19833503　戶名：英屬蓋曼群島商家庭傳媒股份有限公司城邦分公司
訂 購 服 務／書虫股份有限公司客服專線：(02) 2500-7718；2500-7719
　　　　　　服務時間：週一至週五上午 09:30-12:00；下午 13:30-17:00
　　　　　　24 小時傳真專線：(02) 2500-1990；2500-1991
　　　　　　劃撥帳號：19863813　戶名：書虫股份有限公司
　　　　　　E-mail: service@readingclub.com.tw
香港發行所／城邦（香港）出版集團有限公司
　　　　　　香港灣仔駱克道 193 號東超商業中心 1 樓
　　　　　　E-mail: hkcite@biznetvigator.com
　　　　　　電話：(852) 25086231　傳真：(852) 25789337
馬新發行所／城邦（馬新）出版集團
　　　　　　Cite (M) Sdn. Bhd.
　　　　　　41, Jalan Radin Anum, Bandar Baru Sri Petaling, 57000 Kuala Lumpur, Malaysia.
　　　　　　電話：(603) 9057-8822　傳真：(603) 9057-6622　E-mail: cite@cite.com.my

封 面 設 計／FE Design 葉馥儀
印　　　刷／鴻霖印刷傳媒股份有限公司
經　銷　商／聯合發行股份有限公司 電話：(02) 2917-8022　傳真：(02) 2911-0053
　　　　　　地址：新北市新店區寶橋路 235 巷 6 弄 6 號 2 樓

■ 2021 年 7 月 22 日初版 1 刷　　　　　　　　　　　Printed in Taiwan

國家圖書館出版品預行編目 (CIP) 資料

地球生存地圖：88張環境資訊圖表，看懂世界資源消耗與氣候危機／《科塔普》雜誌 (Katapult) 著；黃慧珍譯 . -- 初版 . -- 臺北市：商周出版：英屬蓋曼群島商家庭傳媒股份有限公司城邦分公司發行，2021.07
　面；　公分
譯自：102 grüne Karten zur Rettung der Welt
ISBN 978-986-0734-63-8(平裝)

1. 環境保護 2. 永續發展

328.8　　　　　　　　　　　　　　110007826

定價 550 元　　　　　　　　版權所有，翻印必究
ISBN: 978-986-0734-63-8（紙本）　ISBN: 978-986-073-464-5（EPUB）

城邦讀書花園
www.cite.com.tw